JN156404

いのち愛づる生命誌

38億年から学ぶ新しい知の探究

中村桂子

藤原書店

著者近影

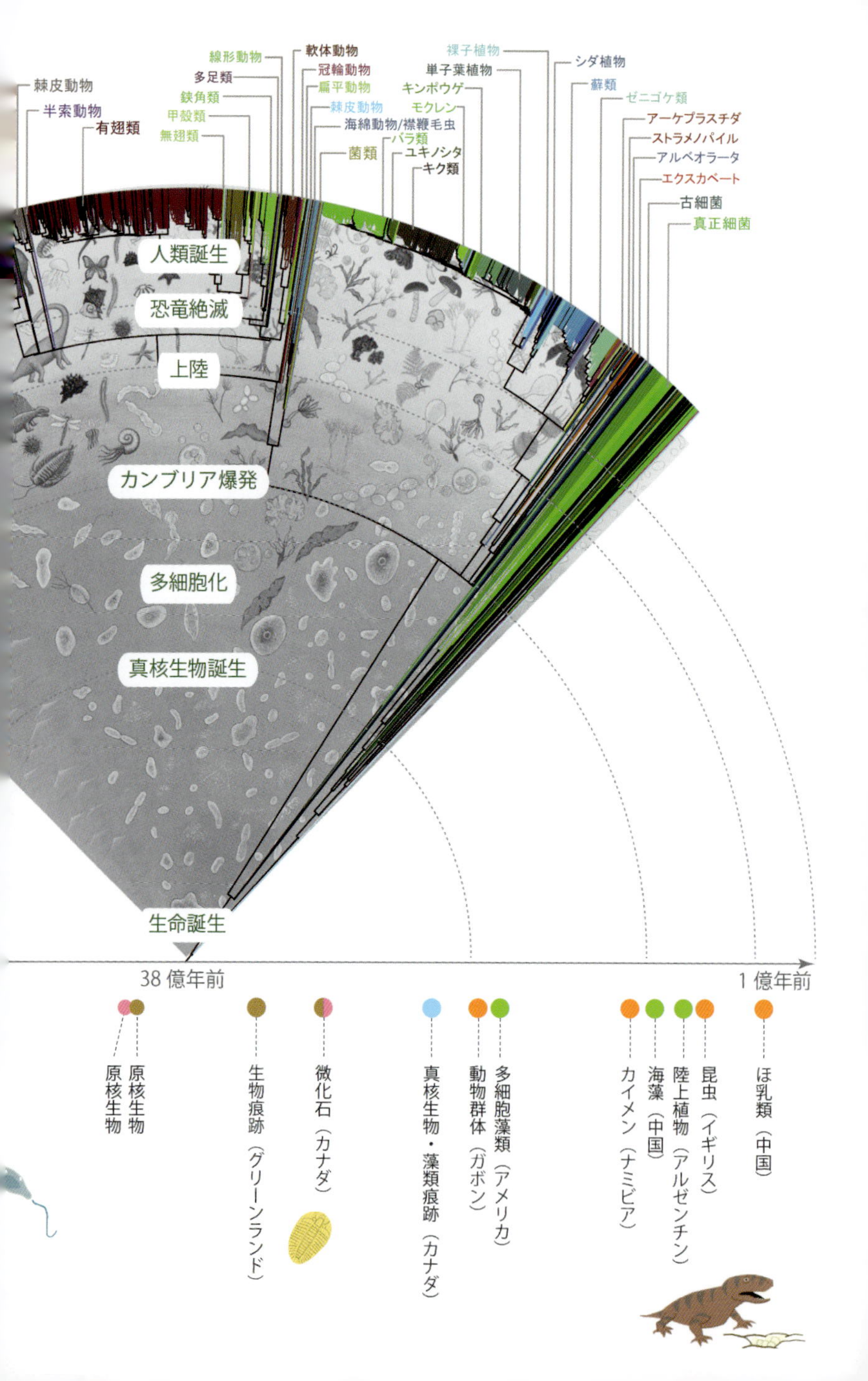

棘皮動物
半索動物
有翅類
線形動物
多足類
鋏角類
甲殻類
無翅類
軟体動物
冠輪動物
扁平動物
棘皮動物
海綿動物/襟鞭毛虫
菌類
裸子植物
単子葉植物
キンポウゲ
モクレン
バラ類
ユキノシタ
キク類
シダ植物
蘚類
ゼニゴケ類
アーケプラスチダ
ストラメノパイル
アルベオラータ
エクスカベート
古細菌
真正細菌
人類誕生
恐竜絶滅
上陸
カンブリア爆発
多細胞化
真核生物誕生
生命誕生
38 億年前
1 億年前
原核生物
原核生物
生物痕跡（グリーンランド）
微化石（カナダ）
真核生物・藻類痕跡（カナダ）
動物群体（ガボン）
多細胞藻類（アメリカ）
カイメン（ナミビア）
海藻（中国）
陸上植物（アルゼンチン）
昆虫（イギリス）
ほ乳類（中国）

円口類/尾索類/頭索類
軟骨魚類
条鰭類
肉鰭類
両生類
ほ乳類
爬虫類
鳥類

1億年前

ほ乳類の共通祖先
被子植物
裸子植物
シダ植物
コケ植物
背索動物
カイメン（多細胞生物）
ツボカビ（原始的な菌類）
動物と菌類の共通祖先
植物の共通祖先
原生生物
真正細菌
古細菌

生命誌絵巻

協力：団まりな／画：橋本律子
（前頁、本頁ともに）

本書118-119, 177, 279頁
などを参照してください。

生命誌マンダラ
画：中川学、尾崎閑也
本書二八五、二八九―二九〇頁などを参照してください。

生命誌の階段

JT 生命誌研究館

食草園

JT 生命誌研究館

＊写真提供は全て JT 生命誌研究館

はじめに――生命誌への思い

「生命誌研究館」という言葉は、どのようにして生まれたか

記憶力に恵まれず、大事なことも忘れてばかりなのですが、「生命誌研究館」という言葉が浮かんだ時のことは、今もはっきり覚えています。

一九七〇年に「生命科学」という新分野を始めて一〇年、対象に人間まで含め、生命現象を科学で解き明かそうとするこの学問は、魅力的でした。DNA研究が進み、細胞内での現象が次々と解明されていく過程は、おそらく生物学研究の歴史のなかでも最もダイナミックともいえるものだったと思います。

しかし次第に、そこになにか違和感を抱くようになったのは、研究が日常の「生きている」という感覚と離れているからでした。科学は、生きものを外から見る学問であり、自分自身をも含めた生きものを内から見つめる視点に欠けているうえに、すべてを遺伝子に還元して理解できるものだ

ろうかという疑問もわいてきました。二人の子どもが生まれ、日常のなかに生きものそのものが存在するようになったことが疑問を大きくする要因でした。泣いたり笑ったりの毎日のどこにも直接DNAを感じはしなかったからです。どう考えたらよいのだろうと悩みが深まる一方、現代社会は科学への期待が大きく、専門外の人が研究者以上に、遺伝子ですべてがわかると考えているように見えたのです。

技術への偏りも気になりました。一九八〇年代に入ると、バイオテクノロジーという言葉が生まれ、これで経済をさらに活性化しようと、日本では食品や薬品の会社はもちろん出版社までバイオテクノロジーを手がけるようになったのでした。流行にはちょっと距離をおく癖があるのも確かなのですが、当時のDNAの知識で本当に意味のある新しい技術や産業が生まれるとは思えず、そのブームには疑問をもちました。もちろん、生命科学には、生きものを大切にする技術の開発という狙いがありましたが、ブームを支えたのは、経済優先を支える従来の技術の延長としかいえず、案の定これは数年で消えました。

DNA研究は続けたいけれど、生きものを「機械」として見たくはない——そう思っていたときに、DNAを「ゲノム」としてとらえる考え方が登場しました。それまではDNA=遺伝子とされており、たとえばがん研究では、世界中でがん遺伝子が次々と発見されていました。しかし、約四〇〇種類もある私たちの細胞の、それぞれで発生しているがんに、それぞれの遺伝子が見つかるだけでなく、がんの発生には複数の遺伝子が関わることがわかってきたのですから、遺伝子を一つ一つ追いかけていてもがんの全体像はつかめないと考えるようになったのは当然です。そこで、細胞にあるDNAのすべて、つまりゲノムを解析しよう——大規模プロジェクトが始まったのでした。

ここで気がつきました。生きもの全体を知りたいからと言って、ただ全体を眺めていても、何も見えてはきません。ゲノムは全体でありながら、すべてを解析できるのです。とにかくDNAの端から端までを解析してその全体を考えたら、生きているとはどういうことかを知る方法になるに違いありません。これまでの科学では決してできなかったことです。解析を基本におきながら全体が見えるという、こんな魅力的な切り口を見せる物質は他にはありません。ゲノムを出発点にしよう。生きものは生成するものであるというあたりまえのところに戻って、ゲノムに書きこまれた歴史を読み解こうというところまでは、すぐに思いつきました。

そこで浮かんできたのが「自然誌（ナチュラルヒストリー）」という言葉でした。ゲノムを通しての新しいナチュラルヒストリーです。そこで表紙に「ネオ・ナチュラルヒストリー」と書いたノートをつくり、思いつくことを書いていきました。それをセミナーで話したところ、真意は伝わらず「ネオ・ナチ」みたいだと茶化されて落ちこんだのですが、それでもノートに書きこみを続けました。

理解してくれる友人に相談をしているうちに、あるとき、電話中に突然「生命誌研究館」という言葉が浮かびました。その途端にそれまで悩んでいたことがスーッと消え、頭のなかが晴れわたるのを感じたのです。あのときの感覚は今も忘れません。ビッグバンで生まれたカオス状態の宇宙から恒星が生まれ、秩序ができあがった時を表す「宇宙の晴れわたり」（物理学者の佐藤文隆先生の命名だそうです）のような体験でした。このときほど人間が言葉をもつことの意味をはっきりと意識したことはありません。言葉の力を強く感じました。

そこからは一直線、本当に大勢の方のおかげで「生命誌研究館」が生まれました。そこでは言葉を大切にしました。といっても、それほど難しいことではありません。具体的には、常に〝動詞で考える〟ことにしたのです。「生命」という名詞は、そこから具体的思考を引き出しません。「生まれる」「老いる」「死ぬ」と並べて考えていけば、「生きている」姿が見えてきます。生命誌では内容のない空虚な言葉は使わないということをいつも心がけています。

なぜ「史」ではなく「誌」なのか

生命誌（バイオヒストリー）については、多くの方に、「なぜ『史』ではないのですか」と聞かれます。ヒストリーは歴史ですから「史」を思い浮かべるのが普通でしょう。一般にはヒストリーは歴史ですが、言葉の本来の意味とそれが用いられてきた経緯を追うと、興味深いことが見えてきます。

「生命誌」を考え始めたころ、ギリシャ哲学の藤沢令夫（のりお）先生がぶ厚いギリシャ語辞典を前に、そこにある「ヒストリアイ（historiai）」という言葉の意味を教えてくださいました。まず「探究する」、二番目に、それを「誌す（しるす）」とありました。調べたら必ず記録する、ということでしょう。三番目が

「歴史」、調べたことを記録し続ければ、それが歴史になるわけです。初めて知ったことでした。私が生命誌でやりたかったことは、まさにこれだったのです。身のまわりの生きものたちをよく調べ、それを誌していくことで、地球上の生きものたちすべてを登場人物とする歴史物語を描きたい、と思っていたのです。先生が笑って「カンはいいね」とおっしゃったのを思いだします。その前の「知識不足だけれど」という言葉はグッと飲みこんでいらしたに違いありません。

最近、岡田英弘著『歴史とは何か』(『岡田英弘著作集』第一巻、藤原書店)で、興味深いことを知りました。紀元前四八〇年に著され世界初の歴史書といわれるヘロドトスの『ヒストリアイ』(ギリシャ語)。ペルシャ軍がギリシャに来襲し、ギリシャは危機に陥ったのですが、アテネの海軍が奮闘、ペルシャは早々に本土に逃げ帰ったという戦争の記録です。この本のタイトルである「ヒストリアイ」は、「研究調査したところ」という意味の語であり、ヘロドトスはこの題で「自分で調べたことを書いている」と言っているのだと解説されています。それまでの物語は神話や民話であり、語り伝えられたものでした。ヘロドトスは「自分の体験や、調べたことを書く」というまったく新しい試みをしたわけです。藤沢先生の教えてくださった第一の意味そのものです。

実は、最近歴史書を読むのが嫌になっています。歴史のほとんどが戦争の記録であり、しかも勝者の目で書かれていると思えるからです。せっかく新しい試みをしたヘロドトスですが、彼が著した最初の歴史書が、戦いに勝ったことを誌したからかもしれません。日本史では、織田信長、豊臣秀吉、徳川家康と流れます。もちろん勝者も後に敗者になりますが、歴史の主人公は常に勝者であり、人の上に立つ人たちです。女性や農民は主役にはなりません。生命誌を始めるときに、歴史が上に立つ者に光をあてていることが気になったのです。

生きもので言うなら、人間中心になります。私が知りたいのは、バクテリアもキノコもミミズもチョウもタンポポも、それぞれがみごとに生きていることであり、みんなでつくる歴史物語です。「史」より「誌」にしたいと思ったのはそのためであり、それが思いがけずヒストリーの本来の意味と重なったのでした。

「進歩史観」からどう脱却するか

勝者の目は、進歩史観につながります。現代の特徴は、一つの価値観で世界を眺め、進んでいる者と遅れている者を分け、すべてを先進国の目で見るところにあります。

とはいえ、この考え方を生んだヨーロッパでも、進歩史観への疑問はさまざまな形で出されています。すぐに思いつく例として、一九世紀の歴史家J・ミシュレ、二〇世紀の歴史家F・ブローデルなどがいます。ミシュレは、「鳥」「虫」「海」「山」などの自然、「愛」「女」「魔女」など女性や民衆をテーマに歴史を書きうることを示しました。ブローデルは『地中海』（全5巻、浜名優美訳、藤原書店）で、従来の歴史学では扱われなかった自然・環境を、人間の歴史（短期の歴史）に対して「長期の歴史」と位置づけて書くと同時に、時間とともに空間をも歴史のなかにとりこんで書いています。この流れはアナール派として世界的な広がりを見せますが、日本では不幸なことに、それが大きな流れをつくっているように見えないのが残念です。

また、文化人類学者のレヴィ＝ストロースは、人類学・神話学でのみごとな研究のなかで、ブラジルでの原住民の調査をもとに、未開といわれる社会にも一定の秩序・構造があり、循環していることを見出しました。「野蛮」は混沌であり、そこから洗練された秩序への進歩があったとする西洋中心の考え方に対抗するものです。

生命誌につながるものとして読んだ少しの例をあげたのですが、勝者の視点と進歩史観だけではない歴史に注目していきたいと思います。「生命誌」は、人間だけでなく、自然に目を向け、生きものたちが人間へ向けて進歩してきたという見方ではなく、生きものすべてがそれぞれあることに意味があることを、見ていきたいのです。

「外から見る」でなく「内から見る」の大切さ

新しい歴史の流れのなかで、オックスフォード大学を中心に「ビッグヒストリー」という考え方が出てきました。近年、宇宙は一三八億年前に無から生まれたことがわかりました。そのなかに恒星が生まれ（宇宙の晴れわたりです）、その一つである太陽をめぐる惑星の一つである地球に生命体が生まれ、そのなかで人間が誕生し、文化・文明を生みだしたという歴史がビッグヒストリーです。

自然を機械として見る科学を見直したいと考えている私にとって、これは興味深い動きです。自然科学も、生成するものを歴史的に見ることが重要という考え方をもつことになったのであり、まさに生命誌がもつ世界観と重なります。一七世紀にガリレオ、ニュートン、デカルト、ベーコンらによってつくりあげられた科学を支えてきた機械論ではなく、生命（生成）論を基本にした知をつくることが、今求められているのだと思います。自然を素直に見ればこの変換は当然でしょう。

とはいえ、ビッグヒストリーと生命誌が完全に重なっているとは言いきれないところに、大きな課題があります。生命誌は、「生命誌絵巻」に示すように、地球上に暮らす多種多様な生きものがすべて祖先を一にしており、ヒト（人間）ももちろん例外ではないことを示しています。「人間は生きものであり自然の一部」というあたりまえのことです。ところが、これまで紹介してきた歴史は、すべて対象を外から眺める姿勢をとっています。そこで、人間を自然を支配する者と位置づけています。自然や環境に意味を見出し、原住民の社会にみごとな構造を見るようになった人々も、結局は自らをそのなかに入れてはいません。ビッグヒストリーも同じです。

生命誌の最大の特徴は、科学という普遍的な知（西欧が生んだ知）を基本にしながら、「内からの目をもつこと」が重要であるという視点をもつところにあります。これはおそらく、私が日本人であることに関わりがある、と思っています。

日本の自然・文化を普遍につなぐ――「和」と重ね描き

私が京都で学んだころにお目にかかった物理学者湯川秀樹博士に、京都をふるさとと呼べることを喜ぶ随筆があります。

「この微妙な山河の曲面と曲線とを長い地質時代の間に彫りだし、その上に適度の水蒸気によるうるおいを含んだ雰囲気を常にただよわしておくことにまず成功した造物者は、自分の手を休めて静かに待っていた。時がきて草木が繁茂し、人間がそこに定住し、何代も何代にもわたってこの山河とこの雰囲気のなかではぐくまれ、同化されてゆく過程と並行して、そこにこの自然と驚くべき調和を保った、そしてそれと明瞭に区別することさえできない文化を幾代もかかって築きあげていったのである。」(『湯川秀樹　詩と科学』平凡社)

このような自然との一体感は、日本人ならだれもがもっている感覚ではないでしょうか。

ここで「和」という言葉を出したいと思います。私が生命誌を考えるときは常に動詞で考えていますので、和は「和む(なご)」「和らぐ(やわ)」「和える(あ)」「和まる(のど)」という動詞になります。意外に思われるかもしれませんが、このなかで最も重視したいのが「和える」です。

白和えを思いだしてください。豆腐とすりゴマで和えた菜やキノコなどは、それぞれの素材の味が生きながら一体となっています。一方アメリカはじめ欧米の文化から生まれたサラダは、確かに一つの容器の中のトマトやレタスがドレッシングで味つけされていますが、トマトはトマト、レタスはレタスです。トマトは嫌いだと思ったらつまみ出せます。白和えはそれができません。ミックスジュースのようにすべてを混ぜてしまうのでもなく、サラダのようにただ一緒にしておくのでもない和え物こそ、日本文化の象徴だと思っています。

よい素材は取り入れて全体のなかにとりこみ、それぞれを生かしながらも新しい形にしていくのが日本の文化の歴史でした。そこから生まれるのは「寛容」の精神です。今の社会で最も必要とされているのが「寛容」ですが、それを具体化したのが「和」なのです。和というと、「なあなあの世界」を思い起こしがちですが、そうではありません。上手にとりこみながらも「和して同ぜず」が基本です。実はこれが生命誌が見る生きものの世界と重なります。ですから、生命誌を通して、この「和」を世界の基本にしたいと願っています。本文を読んでいただくと、それが具体的に見えてくると思います。

生命誌は、ヨーロッパ生まれの科学の方法で生きものの歴史と関係を解いていった結果、人間は自然のなかにいる、自然の一部であることを明らかにしました。ですから、「生命誌絵巻」はありがたいことに世界のどの文明・文化に属する人も、よい表現であると共感してくれます。科学の成果としては、どこの国の人にも充分理解されるのです。とはいえ、ヨーロッパの人々は長い間、自然のなかで自分たちは神に特別な位置を与えられているという感覚を抱いてきましたので、それをなかなか拭えないのはしかたのないことかもしれません。文化として心に沁みこんだ感覚ですから。

しかし科学が人間は自然の一部であることを示した今、これを本当に心から理解し、認識する必要があります。それを徹底的に活かして、学問や社会をどう変えていくか。これこそ、日本からの発信として重要なことであり、生命誌がぜひやりたいことです。そのためには科学による理解を自分のものとすると同時に、日本人としての日常を大切にしていくことが大事です。

これについては、哲学者の大森荘蔵先生が、科学は自然についての「密画」を描いており、日常では自然を「略画」として見ているので、密画と略画を重ね描きすればよい、というすばらしい方法を教えてくださいました。庭のバラは色や匂いを楽しむのが日常であり、そのとき私たちは頭のなかで略画を描いているのです。一方、科学は、葉のなかにある遺伝子がはたらいて花びらをつくっていく過程を明らかにするなど、密画を描きます。略画も密画もともにバラなのです。頭のなかで両方を重ねたとき、バラの本質が見えてきます。

まず科学者が、密画と略画を重ね描きする人になることから始めなければなりません。そこから、自然の内からの視点をもつ「知」を創り、それを基盤に技術を開発し、経済を活性化する社会をつくっていきたい。それによってだれもが暮らしやすい社会が生まれるのではないでしょうか。

私は、「生きている」を見つめることでどう「生きる」かを考え、〝生命を基本におく社会をつくる〟という生命誌の願いを現実にしていきたいと思っています。これまで、多くの人々と出会い共感し、共通の場でお話ができることを実感してきました。できあがった学問や分野を融合するのではなく、さまざまな場にいる人間がつながっていくことで、「新しい知」ができあがると信じています。そしてそこからいのちを大切にする社会システムができあがっていくはずだと思っています。

なお、本書には、二〇年ほど前の新聞連載など古いものを収録しています。そのため、ゲノム解読のような研究成果を語っているところは、具体的データが当時のものになっています。今やゲノム解析は日常の技術となり、データを医療や創薬につなげることが求められています。ヒト以外の生物の場合も、生命現象解明の一手段としてゲノムを解析する時代になりました。「ゲノムを読む」とはどういうことか、どのような考え方でこの研究を進めたかということを知っていただくには、「ヒトゲノム・プロジェクト」という大きなテーマに取り組んでいた二〇年前の様子を語る方がよいと考え、あえてこのときの連載をそのまま入れています。最初の読者としての意見を言ってくださった編集者のみなさんも、生命誌が生まれる過程として意味があると判断してくださったので、この形をとりました。社会のあり方について、二〇年以上前から変わらず考えてきたということをわかっていただきたいという気持ちもこめています。

＊最後にちょっと生物学的注釈を。ＤＮＡは細胞内にある物質であり、それをある時は遺伝子として見たり、ゲノム・染色体などさまざまな側面から見ます。そこで「ＤＮＡ（ゲノム）」のように、どこから見ているかを示す書き方をしているところがあります。またデータについては、現時点のものが必要なところは注をつけました。

いのち愛づる生命誌（バイオヒストリー）

目次

はじめに——生命誌への思い　I

第1部　暮らしのなかから科学する

科学がつむぐ風景…………25

日常のなかの科学……73

〈幕間〉人を豊かにする文化——現在の科学研究　

第2部　いのち愛(め)づる科学

第4部　「ライフステージ社会」の提唱

いのち愛づる生命誌（バイオヒストリー）

38億年から学ぶ新しい知の探究

第1部　暮らしのなかから科学する

科学がつむぐ風景

わが家のハイブリッド

長男が小学校三年生のとき、お友だちの家から仔犬を一匹もらってきた。何の断りもなくもってきてしまったワンちゃん。本人が世話できるのかどうか確かめて、あぶなかったら返しに行かなければと思っていたのに、玄関におかれるとすぐにここが自分の居場所ですという風情で私にすり寄ってきた。あまりの可愛いしぐさに、長男への問いただしもいい加減に、「こんなにすぐなつくから名前はナッキーね」などと言ってしまった。以来一八年、柴犬と甲斐犬という日本犬の雑種は、ナッキーという名前そのままの性格でわが家の一員として暮らした。

雑種というと、なんだか価値が落ちる……ペットの世界ではそう考えてしまうが、生物学から見ると雑種にはプラスの意味が大いにある。作物や家畜の品種改良は、まさに雑種をつくって望みの性質を手に入れてきたのだ。コシヒカリもササニシキも王林もポンカンも、それぞれ歴史をたどれば、どこかに異質の性質の混ざり合いがある。

ところで最近、技術の世界にも異質なものを上手に組み合わせていこうという動きが出てきた。その一つが今年（一九九七年）のモーターショーに登場した「ハイブリッドカー」だ。ハイブリッドとはずばり雑種。今回出されたものはガソリンエンジンと電動モーターを組み合わせている。今問題の二酸化炭素の排出を抑えようと思えば電気自動車がよいのだけれど、すべてを電気でまかなうにはまだ問題が多い。

そこで、電動が有効な低速運行の場合はそれを使い、ガソリンの力を必要とするところはそちらを、とそれぞれの適性を生かして、二酸化炭素を半分にまで減らす工夫をしたのだ。酸化窒素などの排ガスも規制値の一〇分の一というからなかなかのものだ。

環境問題は、人間が生きものであるからこそ起きるのであり、生きものについての知識を活用して解決していかなければならない。これが生物研究者である私の持論なのだが、生物そのものを活用しなくても、「ハイブリッド」のように生物的な考え方をとり入れるのも重要なことだ。技術だけでなく、私たちの日常の思考もこれでいったらどうだろう。たとえば自動車と自転車のハイブリッド。日曜日の家族ドライブはありだけれど、近くの買い物は自転車。それぞれの家で上手な組み合わせを考えて、「わが家の二酸化炭素排出を半分にする方法」を探すのだ。このほかにもどんなハイブリッドがあるか、考えてみるのもおもしろいと思う。

（一九九七年一二月四日）

冬の朝顔

昨年の一二月二四日。クリスマス・イブに最後の一輪が咲き終わり、その後二、三日待ったが、とうとう新しい蕾（つぼみ）はつかなかった。

思わせぶりな書き方をしたが、朝顔（あさがお）だ。毎夏、鉢を送ってくれる友人があり、昨年のそれは、みごとな染め分けだった。食堂の南側の出窓においたその鉢は、毎日、二、三輪、時には四つもの花を咲かせた。どの花も白と紫に染め分けられているのだが、ある花はほとんどが紫でほんの一部が白いのに、同時に咲いたもう一つは半々というように、一つずつ色の混ざり方が違っているのがおもしろい。

中国から入ってきた朝顔は、日本人の好みにあったのだろう。さまざまな変種が育てられたが、なかでも染め分けは人気があったようだ。江戸時代の絵にも、紫のなかに白の筋が何本か入った花、白い丸のなかのちょうど時計一時間分ほどが紫になっているものなど、さまざまな花が描かれている。その絵にあるほとんどが、家の鉢でも見られたのがおもしろかった。画家（伊藤若沖（じゃくちゅう））は、実際観察していたにちがいない。

観察については、江戸の画家も私も同じだが、二〇世紀末に生きる私は、幸い、このふしぎの答えを知っている。要は遺伝子のはたらきである。細かいメカニズムの説明は少々難しいのだが、試みてみよう。

紫色の部分の細胞では、もちろん紫の色素をつくるための遺伝子がはたらいている。ところでその細胞のなかには、「動く遺伝子（正式にはトランスポゾンという）」と呼ばれる小さな遺伝子もあることがわかった。

これはその名のとおり、あちこち動きまわって、ほかの遺伝子のなかに入りこんでしまう。それがたまたま紫の色素をつくる遺伝子に入りこむと、残念ながらこの遺伝子は色素をつくるための命令が出せなくなる。「ムラサキ」という命令を出していたのに、間に変なものが混ざって「ムだめラサキ」となってしまうというようなことが起こるからだ。そうなったところは白くなる。

トランスポゾンは気紛れで、入ったり入らなかったり、そこで紫と白があれこれ混ざることになるわけだ。*

＊この文を書いたころ、研究館で花はなぜ咲くかについての展覧会を開き、トランスポゾンの解説もした。

ところで、暖冬のせいだろうか。朝顔が一二月まで咲き続けたのには驚いた。しかも二五日には、同じ友人からシクラメンが届いたのだから、ちょっと因縁めく。この花を次の朝顔につなげよう。今年の挑戦項目の一つである。

（一九九八年一月一五日）

生まれた年の秘密

大学のクラス会に出席した。四〇代まではそれぞれの生活に忙しく、滅多に集まることはなかったのだが、五〇代に入ってから、なんとなく昔の仲間がなつかしくなってきたらしい。だれからともなく三年に一度集まろうということになった。

五〇代を、私は次のように位置づけている。人生八〇年と考え、そこから成人になるまでの二〇年を引くと六〇年。社会人として暮らす六〇年の半分は三〇年。つまり五〇歳（二〇歳プラス三〇年）は、マラソンでいえば折り返し点にあたることになる。三〇年間せっせと前を向いて走ってきたけれどここで折り返すわけだ。

そこで、今までとは違う景色が見えてくる。まず見えるのは、自分がこれまで走ってきた道だ。よい思い出は楽しみ、失敗は反省材料として今後を考えることだ。次に見えるのは、後に続いて走ってくる若い人たち。そこには、子どもも孫もいる。その人たちが楽しく、意義のある人生を送れるように、小さなアドバイスをするのが五〇代以降の人の役目だろう。そして最後に見えるのがゴール。なんとか美しくゴールしたいと願っている。終わりよければすべてよしだ。

そんなことを考えながら、今や六〇代に入った仲間との話を楽しんでいたら、一人が突然「ぼくたちは特別な年に生まれているんだぜ」と言い出した。女子大の教授をしている彼は、大の数字マニア。彼の言うことだから、生年である一九三六という数に、何か意味があるにちがいないと頭をひねったがわからない。

答えは「四四の二乗」だった。この話を学生にしたら、「先生、亡くなる年はどうするんですか」と聞かれたそうで、四五の二乗を計算してみたら二〇二五、そのときには八九歳ということがわかったというのだ。「これなら今や射程距離だよ。せっかくだからみんなでこの年まで生きようよ」とんでもない提案にもかかわらず、「二〇二五年まで楽しく人間らしく生きよう宣言」という紙ができあがり、みんなで署名した。一つ前の四三の二乗は一八四九であり、当時の平均寿命からして、みんなで四四の二乗を狙うのは難しかったろうから、これはわれわれにして初めてできることだ。

彼は、「司馬遼太郎の愛読者だったんだけれど、ある対談で理系の人は単純だなんてけしからんことを言っていたので嫌いになった」と言ったが、四四の二乗に生まれたんだから四五の二乗まで生きようなどと全員一致で宣言文をつくるなんて、やっぱり単純なんじゃないの、とひそかに思った。

（一九九八年三月一二日）

多様さを消したくない

休日の朝、のんびりと朝食をとっていたら窓の外をアオスジアゲハが二匹、じゃれあうようにして飛んでいった。このところ急に咲き出した庭の花たちが、誘ったのだろう。そのなかには、一昨年いただいた鉢を外に出しておいたら、野生に戻ったのか、小型ながら厚手の葉としっかりしたピンクの花をつけたシクラメンもある。お隣の庭からは、ウグイスの声が聞こえる。一月ほど前に歌いはじめたときには、しっかりしろよと声をかけたくなるほど下手くそだったのに、今や名調子だ。

こんな小さな場所でも、鳥、ムシ、花とさまざまな生きものに出会うことができ、それぞれおもしろいなあと思う。このような、生物への関心は、人間ならだれにもあるものだろう。あるものだろうなどとのんびりしたことを言っていてはいけないのかもしれない。人間も生きものであり、その生活は他の生物に依存しているのだから。

とくに昔の人は、この草はなかなかおいしいぞとか、毒があるから食べるなという知識をもち、動物たちの習性を知っていなければ暮らせなかったはずだ。そんなところから始まり、多種多様な生物を調べ、名前をつけるという作業は、長い間行なわれてきた。今や、地球全体で種の名前がつけられた生物は一三七万種、そのうち半分は熱帯に暮らしているということもわかっている。

高山に登り、海に潜って一〇〇万種を超える生物を調べたとは、さすが好奇心旺盛な人類だと感心する一方、いったいどこまでいったら終わりになるのかなあとも思う。そもそも地球上にはどのくらいの種があるのか。このように聞いても実は一〇年前までは、答えてくれる人は一人もいなかったのだ。

一九八二年、ニューヨーク自然史博物館のアーウィンが、アマゾン川流域の熱帯雨林に入り、林冠部にいる甲虫をいぶして落とし、調べたところ、名前のつけられているものは、たった四%とわかった。ここから計算すると、熱帯雨林には二〇〇〇万種を超える生物がいることになる。その後、東南アジアでの調査で、五〇〇〇万種から八〇〇〇万種という値まで出てきた。

この数字は、大体のものだが、いずれにしても、まだ何にもわかっちゃいないことは確かだ。しかも、種の大半がいるとされている熱帯雨林は、今急速に破壊されつつある。これはまずい。環境問題といって、難しい理屈を述べたてなくとも、熱帯雨林の生物が消えないような生き方を探るほうが、生物の一つである人間にとってよいに決まっている。

同時にわが家の小さな庭の多様性も大事にして、休日をゆったり暮らそうと思う。

（一九九八年五月一四日）

「私」の始まり

私の始まりは、オギャーと生まれたお誕生日にある。そんなのあたりまえでしょう、と言われるだろう。日常生活のなかではそのとおりなのだが、生物学の世界にいるとそれではすまない。両親の卵子と精子が出会って生まれた受精卵が、私の出発点。そこには、母親からのＤＮＡと父親からのＤＮＡが半分ずつ入っている。こうして自分が母親だけでなく両親につながっていることが実感できる……そこが現代生物学のおもしろさだ。

こんな話をラジオで話したところ、ある老婦人からお手紙をいただいた。「私はついに子どもをもつことができませんでした。今は主人も亡くなり、一人で生活しておりますが、自分のＤＮＡを次の世代へつなげることができなかった。いや主人のそれもつなげられなかったわけです。このような私の一生は、いったい何のためにあったのだろうと思うと涙が止まりません」

思いがけない反応に驚いて、早速、返事を書いた。

「確かに両親のＤＮＡを受け継ぐという実感が大事と申し上げました。ただ、生物学の研究によって、ＤＮＡは地球上のあらゆる生物のなかにあり、ＤＮＡを通してすべての生物がつながっていることもわかっているのです。自身のお子さまをお産みになれなかったとしても、あなたのＤＮＡと同じものが他の人々のなか、いや他の生きものたちのなかにもあって、それがさまざまな形で次の世代へつながっています。ＤＮＡによるつながりを考えるとき、だれのものでもない私のものを残したい気持ちを生みだすこともできますが、私のＤＮＡという狭いところにこだわらずに、あらゆる所に私と同じＤＮＡがあるのだという広い気持ちになることもできるのです」

幸い、とてもおおらかな気持ちになったというすてきなお手紙が返ってきて、これが研究者の醍醐味とうれしくなった。

ところで、先月長野県で卵子をつくれないと診断された女性が、実妹の卵子と夫の精子を体外受精させ、双子の男児を出産していたという報道があった。それを行なった医師は「困っている患者を見捨てることはできない」と言っている。

産婦人科学会は、夫婦間以外の体外受精を認めないというガイドライン違反を指摘し、法的には親はだれかという問いも出されている。

もちろんそのような検討が必要な問題だが、私は先の手紙のやりとりの体験から、その前に、どうしても子どもが欲しいという一途な気持ちをふっと解き放して、おおらかな気持ちになってもらうことはできなかったのだろうかと考えこんでいる。

（一九九八年六月一一日）

ハムの匂い

関西へは単身赴任、週末には東京へという生活をしていると、悩みの一つは食べ物の保存だ。先週も、サラダに使って半分残ったハムを冷蔵庫から出してみたら、少しあやしいかなという感じになっていた。同じ温度に設定しているはずなのに、やはり梅雨のころになると傷みが早いような気がする。さっきもラジオで食中毒の話をしていたし、一人暮らしに病気は禁物と思いながらも、食糧難時代を知っている世代の悲しさで、もう一度匂いを嗅いでみる。

最近は、賞味期限の表示があり、それを過ぎると調べもせずに捨ててしまう人が多いと聞くが、それはもったいない。ぜひとも、ご自分の嗅覚を生かしてほしいと思う。実は嗅覚は生物が最も古くからもっている感覚の一つなのだが、これまではあまり研究が進んでいなかった。ところが最近急速に興味深いことがわかりつつある。

ちょっとおもしろい虫……といっても姿は単純で一ミリほどの糸のようなものなのだが、形どおり線虫と呼ばれる虫での研究を見てみよう。この虫がおもしろいと言ったのは、成虫の細胞が全部で九五九個（人間は六〇兆*といわれる）、そのなかで神経細胞が三〇二個ということだ。神経の重要性がこれでわかるが、私の体の三分の一が神経だったらと考えるとそれだけでピリピリしてくる。

*最近、三七兆という数字が出された。

カリフォルニア大学の女性研究者バーグマン博士は、ガラス容器に入れた寒天の上でこの虫を飼い、容器の端にさまざまな物質を入れてみたところ、好きな匂いのものの時には近づき、嫌いだと逃げていくことを見つけた。好む匂いには、バターやチーズがあるという。そこで彼女は、虫にレーザー光線をあてて細胞を一個ずつつぶし、どの細胞が匂いを感じるのかを調べたところ、たった三個だということがわかった。しかもそれが好きな匂い用、嫌いな匂い用と分かれているのだそうだ。

人間の鼻には、匂いを感じる感覚細胞が一〇〇〇万個、これを使ってどうやって嗅ぎわけているのか、それもだんだんにわかってくるだろう。ただ、動物の生きる基本である餌探し、配偶者探し、縄張り確認などすべてに匂いが大事な役割を果たしているのに、現代人はこの能力を使いこなせず、機械や表示に頼っているようで、とても気になる。ハムを鼻にあててクンクンやりながら、少し動物本能を取り戻せたかなと考えた。

（一九九八年七月九日）

庭先の小世界

根がオッチョコチョイなので流行にはちょっとだけ乗ることにしている。もちろんちょっとだけでドップリまではいかないので、若い人が着ている、下着と区別のつかない服を着るところまでは付き合わない。

今ちょっと乗っているのはハーブの栽培。といってもこれも決して本格的ではない。ローズマリー、セージ、バジル、ペパーミント、パセリ、それにラベンダーと月桂樹の鉢をおいているという程度だ。しかし、おかげさまでどれも元気に育ち、冷水にペパーミント、ドレッシングにはローズマリーや月桂樹を入れ、日曜日のお昼にはバジルたっぷりのスパゲティを楽しんでいる。先日は、咲き終わったラベンダーを切ってお風呂に入れ、ゆったり寛いだ。

と、ここで話が終われば万々歳なのだが、先日パセリの鉢をみたら、葉っぱの先がだいぶ欠けているではないか。いたいいた。緑に黒と鮮やかな黄色の縞の入ったイモムシが七匹も葉の上を這っている。アゲハチョウの幼虫だ。ハーブ栽培の立場では、ケシカランと潰してしまいたいのだが、庭にチョウが舞うのも見たい。パセリはまた生えてくるだろう、この際チョウを育てようと決めてムシたちはそっとしておいた。

ところでこの話は東京でのこと。四日ほど大阪で過ごし、戻ってみたら悲劇が起きていた。パセリは全部食べ尽くされ、しかも幼虫たちは、小さく小さく縮んで見る影もなくなっていたのだ。餌不足だったのだ。そこですべて食べ終わった後、絶滅の危機に陥ったというわけだ。毎日見ていれば葉っぱの補充をしてやったのに、申し訳ないことをしてしまった。

この小さな世界でのできごとを見て、生きものが、三八億年の歴史のなかで、たびたび向き合ってきた絶滅という危機を思った。絶滅というと恐竜が有名だが、化石調査とＤＮＡ分析の両方から最近描かれた生物の歴史には、絶滅と書かれたところが一〇カ所以上ある。たとえば六億五〇〇〇万年ほど前、寒冷化で海の生物の七〇％ほどが死んだ。幸い、魚の仲間の一つが勇敢にも陸上進出を試み、その結果生まれたイクチオステガが生き残ってくれたので、今、私たち人間はここにいられるわけだ。

こうして運よく生まれた人間、勝手に他の生物を絶滅に追いやったり、自分を窮地に追いこんだりはしないようにするのが、イクチオステガの勇気への恩返しだろう。絶滅は庭の毛虫で止めておきたい。

（一九九八年九月一七日）

詩のすごさ

「ぞうさん　ぞうさん　お鼻が長いのね　そうよ　かあさんも長いのよ」

まど・みちお作詩、團伊玖磨（いくま）作曲のこの歌をご存知の方は多いだろう。私も昔、子どもたちとよく歌った。ところでこの歌、まさに遺伝学だ。科学と詩というと、通常最も遠い関係のように思われがちだが、このように、あれ、同じことを言ってるぞと思うことがよくある。しかも、科学となると理屈をこね、時には難しい専門用語を使って説明しなければならないのに、詩では日常の言葉でズバリと言ってのけるのでドキリとさせられることが多い。

「ぞうさん」の場合、作者がこれをつくったきっかけは、いじめだったと聞いた。さまざまな生きものの子どもたちのなかに、象の子どもがいたら、〝おまえおかしな顔してるなあ。なんでそんなに鼻が長いんだよ〟といじめられるにちがいないというわけだ。そこで象くん、ちょっとショボンとしたとしても、すぐにシャンとしてこう言うだろう。

「そうだよ。確かにぼくの鼻は長いよ。みんなとは違う。でも、ぼくの大好きなおかあさんだって長いんだぞ。鼻が長くって何が悪いんだよ」

なんともゆったりしたぞうさんの詩のなかに、そんな気持ちがこめられていると聞いて、やっぱり詩はすごいと思う。カエルの子はカエル、ゾウの子はゾウという遺伝学といじめの問題を一緒に語ってしまうのだから。科学となるとこの二つは、別々の学問で扱うほかない。

そこで先日、こんな試みをしてみた。私の専門とする生命誌の話を、まど・みちおさんの詩にメロディーをつけた歌と組み合わせて聞いていただく会だ。兵庫県西宮市の教育委員会の催しとして、同市在住の中西覚さんに作曲をお願いした。

「地球上では、さまざまな生きものが、それぞれ自分の特徴を生かして生きている。しかし一方、生物は生物からしか生まれず、性質をつなげていくという点では、みんな同じ。つまり多様でありながら同じ仲間、同じでありながら多様というところに生物のおもしろさがある」ということを、多くの方と一緒に考えたいと思って。

そのとき歌っていただいた詩の一つはこうだ。

「太陽／月／星　そして雨／風／虹／やまびこ　ああ一ばん古いものばかりが　どうしていつもこんなに　一ばん新しいのだろう」

思いがけないことが多かったけれどそれだけに楽しかった、という評をいただいたので、詩のなかに科学をみつける試みを続けたいと思っている。

（一九九八年一〇月一五日）

＊二〇一七年にＮＨＫのカルチャーラジオ「科学と人間」という番組で「まど・みちおの詩で生命誌を読む」という形にすることができた。

サンマの骨

サンマの塩焼きに大根おろし。食卓から季節感が消えつつある近ごろだが、このあたりはまだ秋の味覚として残っている。本来なら秋刀魚と書くべきだが、炭火でなくグリルで焼くのだから、焼かれるほうもサンマでよいだろう。秋といえばもう一つ松茸があるが、こちらはせいぜい一回、サンマのほうは思う存分楽しめるのがありがたい。

最近は、骨がめんどうだという人も多いようだが、まあそうおっしゃらずに、できるだけていねいに食べて、最後にちょっと骨の形などを見ていただきたい。

生きものは、さまざまな形をしているが、その基本は骨で決まる（もちろん、クラゲのように骨などない古くからの生きものもあるが）。骨をもつようになった始まりは、ヤツメウナギだが、本格的脊椎動物の始まりはサカナ。その後、両生類（カエルなど）、爬虫類（トカゲなど）、鳥類、哺乳類と次々登場してくる生物たちの骨格はそれぞれ特徴があるが、どれもサカナを出発点にして変化してきたものだ。

たとえば、人間とサカナを比べると、われわれは、首、胸、腰となって胸のところにだけ肋骨が伸びているが、サカナの場合は上から下までずーっと骨が伸びている。つまり、最初はすべての場所にあった骨が、進化にともなって首のところ、腰のところでは伸びなくなったということだ。現代生物学は、最初はあらゆるところで骨を伸ばすようにはたらいていた遺伝子が調節を受けて、首や腰のところでは抑えられていると考えている。

おかげで私たちは、首を横に振ってイヤと言ったり、小首をかしげてちょっと甘えたりなどという表現ができるようになったわけだ。サカナがイヤイヤをすると体全体が動いてしまう。

ところで、サカナといえばエラ。これが骨と形の物語のなかでは、とんでもなく重要な役割を果たす。エラの一つからアゴができるのだ。アゴなんてと言わないでほしい。これがあるからこそガブリと餌に食いつけるのであって、流れこんでくるものをいただく受け身の姿勢とはまったく違う。

生き方の革命といってもよい。

しかも、このアゴのなかで、またまた変化が起きる。爬虫類時代のアゴの一部から、われわれの耳の骨ができてくるのだ。さらにこれは頭の形づくりにまでつながっていく。

陸へ上がってエラがいらなくなったわれわれの体のなかで、エラが、アゴ、耳、アタマなどへと変形してはたらいているとは。生きものは、古いものをムダにしないとも言えるし、昔のしがらみから離れられない存在とも言える。

（一九九八年一〇月二九日）

酔っぱらい度の測定

今年はいつまでも夏服がしまえずにきたが、さすが一一月ともなると朝などブルッと震える感じになり、北の国からは雪の便りが聞かれる。温度もさることながら、急に日が短くなったと実感する。ということは夜長……。そこで読書となる人もあるだろうが、それより多いのは、ちょっと一杯ではなかろうか。

残念なことに、まことに残念なことに、私はお酒がまったくダメだ。お猪口一杯で体中にアルコールがまわるようだと言うと、以前は何をバカなと信用してもらえずこまったが、近年、生物学研究のおかげで助かっている。アルコールが体内で酸化されてできる有害物質アセトアルデヒドの分解酵素遺伝子を、もっていない人がいることがわかったからだ。日本人の五％はそれに相当するとか。

遺伝子がありませんのでと言うと、どことなくもっともらしく聞こえるようで、許してもらえる。

実は今年になって、米国の研究者により呑ん兵衛の酔っぱらい度に関する遺伝子も見つけられた。そんな研究ならいつでも出向いて実験台になるよといってもそうはいかない。実験に使われたのはショウジョウバエだ。

ハエの酔っぱらい度測定器はかんたんなもので、透明な筒の中にプラスチックのロートが重なっている。この筒に、アルコールの混じった空気を送りながら上からハエを入れる。ハエは落ちるまいとしてロートにしがみつくのだが、アルコール分に酔ったハエは下のほうへ落ちていくことになる。あまり酔いが激しくないハエは、途中でハッと気がついて、そこでロートにしがみつくのだが、最後まで酔っぱらい状態で、あえなく筒の外に転落という憂き目にあうハエもいる。

こうして何回か筒を通してみたところ、どうしても途中で引っかかれないハエのいることがわかった。このハエたち、アルコールのない筒では、ちゃんと上のほうのロートに止まれるので、止まる力が弱いわけではない。

さてここで、酔いやすいハエで変異の起きている遺伝子を調べたところ、記憶力に関係するとされていた遺伝子と同じものだった。このハエに聞くと、いやあ昨日は酔っ払っちゃって何も覚えていないんでねと言うのだろうか。

他にもいくつか酔いに関する遺伝子が見つかり、いずれも環状ＡＭＰという細胞内の情報伝達物質の濃度制御に関係していることがわかった。ヒトでも同じと思われる。

酔い方も人それぞれ。ご自分の程度をよく知って上手にお酒を楽しんでいただきたい。

（一九九八年一一月一九日）

キンギョの見る世界

もうすぐクリスマス、花屋さんの店先が赤一色だ。この間までは胡蝶蘭（こちょうらん）や百合などの白い花が目立つところにおかれていたのに、それらはちょっと奥にある。この季節は私たちの出番よと言っているのは、ポインセチアとシクラメン。この華やかな色に惹かれ、ついつい、一鉢買ってしまう。今年は不景気だといってもーーいや不景気だからこそかもしれないーークリスマスやお正月用のお店の飾りつけは、やはり華やかで、ここにも鮮やかな赤が目立つ。

私たちは、色のある世界で色に意味をもたせた生活をあたりまえと思っているが、色が見えるためには、それなりのしかけが必要だ。眼の一番奥に視細胞があり、それが明るさや色を感じるための視物質と呼ばれるタンパク質をつくっている。今のところ、視物質は五種類知られており、そのうちの四つは、それぞれ赤、紫、青、緑を感じる物質、残る一つが、色はわからないが薄明かりを感じる役割を担うロドプシンだ。

生物は特定の眼をもっていなくても、なんらかの形で光を受けとめ、それを信号として生活している。太陽をめぐる惑星に暮らしているのだから当然といえば当然だ。だから、ロドプシンに似た物質は微生物にも存在している。そこで常識的には、私たちがもっている視物質も、まずロドプシンから始まり、そこから色を感じるものが分かれてきたのだろうと考えたくなる。

ところが、実験結果はしばしば常識を否定する（だからおもしろい）。脊椎動物（魚、両生類、爬虫類、鳥、哺乳類）の視物質を調べたら、この仲間では、初めに色を感じる物質をつくる遺伝子が登場したことがわかってきたのだ。最初に赤に関する遺伝子が生まれ、次に紫、青、緑が分かれてきて、最後に弱い光でも感じられるロドプシンの遺伝子が生まれたということになった。

いくつかの生物で視物質の存在を調べると、キンギョやニワトリは五種類の視物質をすべてもっているのに、人間は紫・青系のものは一つ、つまり四つ（色は三つ）しかもっていないことが明らかになった。キンギョたちは、とてもきれいな世界を見ているのだろうなあと羨ましい。

哺乳類は元来夜行性であり、そのころ緑と紫の視物質を失って赤・青の二色性になってしまったようだ。ウサギやイヌは今もこのような世界にいるのだと思う。幸い、ヒトにつながってゆくサルの仲間が緑を取り戻してくれたので、ニホンザル、類人猿は三色性だ。ありがたいことだ。ことほどさように進化の道は決して一直線ではなく、なんでもヒトが優れているわけではないのである。

（一九九八年一二月一七日）

ウイルスとの戦略争い

やられてしまった。流行のインフルエンザで、数日間の高熱、咳、鼻水ではおさまらず一カ月近くはっきりしない。同じような仲間がたくさんいて慰め合っているのだが、これほど大勢を悩ませる病気に有効な治療法がないというのも情けない話だ。しかも今年は、お年寄りや子どもに死者が出ており、まだ流行の気配があるというのだから真剣に考えなければならない。

この病気が厄介なのは、病原体がウイルスであり、しかも人間だけでなくブタやトリ（ニワトリ、アヒルなど）にもかかるというところにある。別の種の体を通ってくる間に遺伝的性質を変えてしまい、せっかくつくったワクチンが効かずに大流行することがよくある。しかも、免疫が長続きしないので困る。

これと対照的な例として痘瘡ウイルスがある。人間にしかかからず、子どもの時に種痘をすれば一生免疫が続くので、一九七〇年代に地球上から根絶できたのだ。

それにしても、ウイルスごときにやられるのは口惜しいと、この本体を見ると、これがなんともふしぎな存在なのだ。ちょっと専門的になるが、ほんの少しの遺伝子（DNAの場合と、RNAといって大昔には遺伝子の役割をしていたらしいのだが、現在は遺伝子ではない物質を使っている場合があり、インフルエンザはこちら）をタンパク質の殻で包んだもの。それだけでは増えないので生物ではない。

ところが、生物の体に入ると、その細胞のタンパク質合成装置を乗っ取ってどんどん増え、ついにはそれを壊して外へとび出し、また周辺の細胞に入る。こうして炎症を起こすわけだ。自分を増やしてくれる細胞を壊すという矛盾したことをやっているのだが、相手を根絶させない程度にやっつける巧みな戦略で攻めてくる。したたかな奴だ。

遺伝子があるので、生命体の始まりかと考える人もあったが、そもそも他の生物が存在しなければ増えることができないのだから、そうであるはずはない。今は、遺伝子を運びまわる存在とされている。そして、インフルエンザウイルスのようにあちこち動くものは、トリから遺伝子をとりこんだり、ブタのなかで遺伝子を組み換えたりしているらしい。

こうなると、遺伝子のはたらきを調べてそれを抑える手段しかない。最近、ウイルスが増えるのに不可欠な酵素が、変異株になっても共通の形をとることがわかってきたので、そこを狙おうという戦略で薬が開発されている。ウイルスと人間の戦略争い、人間に少し有利になってきた、という報告に接し、大いに期待している。

（一九九九年二月一八日）

考えながらやってます

「大学等におけるゲノム研究の推進について」。書いただけで体がコチコチになりそうなテーマの委員会が終わった。

研究は、本質的には自分の好きなことをやるもので、興味のないことをやれと言われてもむりだ。とはいえ、最近は高額な費用の研究が増えた。宇宙などが一例である。しかも大勢の協力が必要な場合が多く、時には国をあげ、さらには国際協力で進めなければ成果があがらない。研究費は、多くの場合税金でまかなわれるのだから、社会が認めるものでなければならない。

そこで、研究者が集まって、テーマの選択や研究の進め方を議論することになる。「ゲノム研究」も、生物学では大型テーマだ。ゲノムは、ある生物の体をつくり、はたらかせるのに必要な遺伝情報をもつ一まとまりのDNAのことで、具体的には、細胞内にあるDNAのすべてをさす。

ヒトの場合、そのなかに数万の遺伝子が含まれており、私たちの体内では常に、それらが協調してはたらいているわけだ。まずは、DNA合成にかかわる遺伝子、糖分の分解酵素の遺伝子というように個別の遺伝子のはたらきを調べていたのだが、それでは部品がわかってくるだけで体のはたらきはわからない。

この疑問を最初に投げかけたのは、米国のがん研究者だった。がんは、細胞が異常増殖したり、本来あるべきでない場所へ転移してしまったりする困った病気だが、それを知るには、なぜ細胞は必要なだけ増えたら増殖を止めるのか（傷がなおればそこで止まる）、腸の細胞がいつも腸にいて脳のほうへ動いていかないのはなぜかがわからなければならない。

これは生きているってどういうこと？という問いを解くのと同じじゃないか。それならゲノム全部を調べようとなったのである。

一個の遺伝子を調べるのも大変なのに、そんなの無謀だ。お金もかかりすぎる……。

大騒ぎになったが、結局、やってみようと決まったのが約一〇年前。思いがけず順調に進み、分析は二〇〇三年までには終わるだろうと予測されるところまできた。ゲノムの大きさがヒトの八〇〇分の一、遺伝子は数千個の細菌では、すでに一六種類もの分析が終わった。

そこで次の方向を決める委員会報告書を出した。そこでは社会的問題も議論した。内容は次の機会にゆずり、今回は、科学研究も勝手に行なわれているのではなく、考え考えやっているという実情紹介をさせていただいた。

（一九九九年三月一八日）

メスはそれほど弱くない

電車の吊り広告に、男女の顔の下にたくさんの着せ替え用の洋服が描いてあるものがあった。看護婦、保母、ウエートレス……。これまでふうに言うとそのような職業用の洋服だが、これらを女性専用と決めてかかるのは改正男女雇用機会均等法に反するわけで、今後は募集の際にも性を特定する表現、つまり「婦」や「母」は許されないというお知らせだ。

職業を性ではなく個性によって決めるのがよいのはあたりまえで、このことに何の異存もない。しかし、なんだかめんどうな話だなあとも思う。

というのも、生物学で見る性は、比較的明快で、しかも、あえて軍配をどちらかにあげろと言われれば文句なしにメスということになるからだ。性はどの生物でも原則二つ、オスとメスであり、それぞれがつくる生殖細胞、つまり精子と卵子を比べれば圧倒的に卵子のほうが大きい。

卵子は一個の細胞だが、普通の体細胞と比べて大きく、小さくてもその数百倍。カエルやサケのように肉眼で見えるものも少なくない。ここから一つの個体をつくり出すので、栄養分を十分貯蔵する必要があるからだ。

一方精子は自由に泳ぐことが大事なので尾をもった小さな細胞だ。もちろん、卵子と精子の二つの細胞が融合し、それぞれがもつ核内にあるＤＮＡ（ゲノム）が合体して初めて次世代の個体ができるわけで、性質を伝えるという点では両者のはたらきはまったく同等だ。しかし、実際に新しい個体をつくる細胞はまぎれもなく卵子であり、メスの側は実体としての細胞が次へとつながっていくが、精子が伝えるのは情報だけである。

実は、精子が卵子と融合したときには核のＤＮＡ（ゲノム）だけでなく、ミトコンドリアも入ることがわかっている。ミトコンドリアは細胞にエネルギーを供給する大事な器官で、そのなかにも少量のＤＮＡがあり、しかも分裂して増える。では受精後の精子のミトコンドリアはどうなるのだろう。卵子には一〇万個のミトコンドリアがあるのに、精子から入るのは五〇―一〇〇個なので、受精卵が分裂するうちに消えてしまう、なんとなくそう考えられてきた。ところが最近、卵子のタンパク質が精子のミトコンドリアを積極的に壊すらしいことがわかってきたのだ。私だけでやっていきますよというわけだ。

私は、格別の女権拡張論者ではないし、ここで「どんなもんだい」と言うつもりはない。生物が存続していこうとするなかでこういう方法ができあがったというだけの話だ。でも……。メスがそれほど弱いものでないことだけは確かだ。

（一九九九年四月一五日）

かんたんじゃないぞ、動物の性決定

先回、人間社会では男だ女だとめんどうなことを言っているが、生物界はもっとかんたんと書いたところ、各方面から抗議がたくさん届いた。いや、ご心配くださらなくても……。各方面とは、ワニ、カメ、ベラなどを先鋒に、さまざまな生きものたちだ。

性はかんたんなんてとんでもないという抗議にこたえて、少していねいに動物全般の性決定の様子を見てみよう。性が決まるまでには三つの過程が必要だ。まず先回話題にした受精、ここでどんな性染色体をもつかで遺伝子型がオスかメスかが決まる。けれども実際にオスまたはメスの個体ができるには精巣・卵巣という生殖腺の性決定が必要だ。そこから分泌される性ホルモンのはたらきで、骨や筋肉がそれぞれ特徴ある様子になっていく。最近では脳にも雌雄の差があり、それも性ホルモンのはたらきによるとわかってきた。

ところで、遺伝子型がオスなら生殖腺も体の各部もオスという具合に決まるのかというとそうはいかない。そこで、生物界の性はかんたんなどと言うなという話になったわけだ。

ワニなど爬虫類の場合、受精卵がおかれた周囲の温度によって、オスが生まれるかメスが生まれるかが決まる。しかも、温度が低いとメスになる種があるかと思うと、高い場合にメスになるものもあるというのだから複雑だ。

ある種のカメでは、二〇度以下と三〇度以上ではメス、その間の温度ではオスになると聞くと、なぜそんなことをするのかわからなくなる。

サカナもおもしろい。ベラの仲間にメスがオスに転換するものがある。水槽にメスばかり入れておくと、一カ月ほどでそのなかで一番大きな個体がオスに変わるのだ。自分が他の仲間より大きいという判断は、眼で見て行なうらしいこともわかってきた。大きいぞと思った個体のなかでは、卵巣が小さくなると同時に精巣ができていくというのだ。このサカナは自然界でも、成熟し産卵を続けているうちに体が大きくなるとオスになるという。一生の間に二つの性を経験できるなんてうらやましい。

爬虫類にしても、サカナにしても、性決定の際に大きな役割をしているのが性ホルモンである。

このように生物によって性の決定のしかたが異なっているので、ある動物での結果をかんたんに他にあてはめるのは危険だ。さまざまな生物での研究を続けることによって全体像をつかむ必要がある。


（一九九九年四月二九日）

野草の茎も「上を向いて伸びよう」

先週末、東京に帰ってみたら、庭の一角が、見るも無残な姿になっていた。

昨年の冬に花屋さんで、綿密に設計され、隅々まで手入れの行き届いた庭は性に合わないと言ったら、「そういう方はこれをどうぞ」と勧めてくれたのが、英国生まれのワイルドフラワーの種。性に合わないと言ったのは、決して見て楽しむのが嫌いという意味ではなく、私には上手な手入れができませんというだけのこと。なるほど世の中ちゃんと私のような者も救ってくれるようになっているものだと、ありがたくその種に飛びついた。

ワイルドフラワー、つまり野草の中身は何かもわからぬまま、播いておいたら、春には何やら野原っぽくなってきた。しかも五月ごろから次々と大小さまざまのケシなどが咲いてなかなかの風情だ。望みどおりめんどうな手入れも不要で喜んでいたのだが、先週吹いた大風でいっせいになぎ倒され、情けない状態になってしまったのだ。

これでは手抜きで行きましょうとも言っておられず、お互いにからみ合ったところをはずしてやった。翌日、もう少し手を加えてやろうと庭へ出てみると、すごい！　倒れた茎が自分で上を向いているではないか。

そうだ。何やら茎を上向かせる遺伝子の研究の話を聞いたけれど……とノートを開いたら、あるある。シロイヌナズナの鉢を、茎が真横を向くように倒しておくと、九〇分もすると茎は折れ曲がって上のほうへ伸びていく。ところが、茎を倒したが最後、いつまでたっても起きあがらない変異体が見つかったので、野生株と遺伝子の比較をしたところ、上を向くのに関係する遺伝子が七種類あることがわかったという報告だ。

野生株と変異株両方の茎を輪切りにして構造を比較すると、本来の茎は、表から五層の細胞が並び、一番内側の細胞には、デンプン粒が入っていて、それが重力の働く方向に移動することがわかった。うまく起きあがれない変異株は、五層目の細胞そのものがない。

野生株の場合、一番内側の細胞が、デンプン粒の働きで茎の曲がり方を知り、その情報を一番外側の細胞に伝えるにちがいない。外の細胞は自分が茎の倒れた下側のほうにいるのか、上側にいるのかを知って、下側だぞとわかると、ふだんより長く伸びて傾きを元に戻すわけだ。ここに七つもの遺伝子が関係し、内側から外側へ的確な情報を流せるようにコントロールしているのだろう。

野草の細い細い茎の中ではたらくこのみごとなシステムに助けられ、庭の景色はまずまずのところまで戻った。

（一九九九年六月一七日）

細菌だって生き延びたい

ある大学病院で、医師が肺結核を発病していたのに気づかず診療を続けていたために、仲間の医師や看護師が集団感染していることがわかったというニュースがあった。

感染しているという意味は、ツベルクリン反応で強い陽性が出たということで発病はしておらず、予防薬を処方したそうだ。その先生の担当だった患者は大丈夫かな。心配になったが、幸い発病者はいないらしい。

私の学生時代は、結核は身近な病気で、同級生をサナトリウムに見舞った体験もある。夕方、授業が終わった後、郊外の丘の上の白い建物をめざして坂道を登っていく……ちょっと小説のなかにいるような気分になったものだ。

けれどもこんな話、子どもたちにはまったく通じず、世の中変わったと思っていた。抗生物質などによって、細菌による感染症はどんどん減っており、怖くない病気になったとだれもが思っていたのではないだろうか。

ところが、細菌だって生きもの、なんとか生き延びようとしているのだ。世界的にみても、再び結核が問題になっている理由の一つは、エイズだという。

アメリカでは、一九八五年以降再び結核が増加し始めた。調べたところ、エイズウイルス感染で免疫能が低下しているところに結核菌が入りこんだり、もともと結核菌をもっていたけれど発病していなかったところへエイズウイルスが感染したりという形で、結核発病者が増えていることがわかった。しかも、最近の結核菌は、抗生物質の洗礼を受けているために、多剤耐性といって薬が効かないものに変わってきているので手ごわい。

一方、人間のほうは、結核など過去の病気という気持ちになってしまって、ツベルクリン反応での感染の有無のテストやＢＣＧによる免疫形成という基本をおろそかにし、若い人には免疫をもっていない人が多いという。

結核に限らない。Ｏ１５７も一時期の騒動を忘れかけているところがあるが、油断は禁物だ。くり返そう。細菌も生きもの。しかも、条件がよければ二〇分とか三〇分という時間で倍に増えるので進化の速度はとても大きく、人間が攻めるとそこから逃れる性質を巧みに獲得していく。さらに、エイズと結核の組合せのように、複数で攻めてくることもあるので侮れない。

生物は共存だと言い、それは正しいけれど、競争しながらの共存である。人間には知識があると偉そうにしていると、あちら様の知恵にやられることになる。（一九九九年七月一五日）

宇宙でわかった骨の不思議

人類が初めて地球以外の天体に足をおろしたのは、一九六九年七月二〇日だった。「一九六〇年代のうちに月に行って帰って来る」。ケネディ大統領の無謀ともいえる宣言にこたえて、大車輪の研究開発と宇宙飛行士の訓練を始めるのだが、人間、目標をもつとできてしまうものだなあとつくづく感心する。そして、個人的なことをいうなら、生後五カ月の長男に懸命に解説しながら興奮してテレビの前にいたことを思いだす。

個人的といえば、ちょうどその日にJ・F・ケネディ・ジュニアの空での事故死が報じられた。テレビに現れる在りし日の姿が、月面着陸を見ることなく逝った大統領と重なり、科学技術で示す力と自分ではどうにもならない無力さとをもつのが人間なんだと考えこんでしまった。

一九九九年には三〇年を記念して、女性を船長とするスペースシャトルの飛行が行なわれた。整備に問題ありと二度にわたって延期されたが、何とか飛び立ち、無事帰還した。あれだけ準備を整えても、完璧ということはなく、天候との相談も必要なわけで、ここでも力と無力の両方を教えられる。

船長だけでなく、乗組員全員が女性という飛行もそう遠くないかもしれない。そこで気になるのは、宇宙飛行の体への影響だ。おとぎ話なら、天へのぼると若返りそうでもあるし、相対性理論とやら難しい話になると……。

実態がわかるのはこれからだが、しばしば言われるのが骨がもろくなるという話だ。骨への情報の一つに荷重がある。とくに踵(かかと)の骨は、体重を感じ、重さを支えなければいけないとなると、カルシウムをためて強くする。事実、たくさん歩く人のほうが踵の骨は強い。

これをはっきりさせたのが、宇宙船ジェミニ号での実験だ。初期の宇宙飛行は、座席に固定されていたこともあり、たった四日間で九%もカルシウムが減少した。これは大変と、船内での運動計画を実行したところ、減少が三%以下になった。

向井千秋さんも、「宙がえり何度もできる無重力」と言って楽しむだけでなく、自転車こぎをやっている映像がおなじみだが、あれは大事なことなのだ。

それにしても骨っておもしろい。他の臓器は老化を免れないが、骨は、完全に若返ることができるのだ。皮膚の傷は薄くはなっても消えはしないが、骨折の傷は消える。だから高齢者でも骨は若い時と変わらない強さを保つことは十分可能なわけだ。一方、若者でも骨は年寄り風で、とてもろいということもあるわけで……くれぐれもお気をつけください。


（一九九九年七月二九日）

植物は数学を知っている

夏休みも半ばをすぎた。楽しく遊んでいるときにいやなことを思いださせて悪いけれど、宿題は終わってるかなあ。プールに行きたいのに〝計算問題やってから〟などと机の前に座らされると、だれだ、算数なんていうものを考え出したのはと恨めしくなるだろうな。

夏休み中の子どもたちを見ていると、ついこんなふうに話しかけたくなる。ところで、学校で算数の勉強をしているのは確かに人間だけだが、自然界を見ていると、他の生きものたちも、算数……いやかなり高級なので数学といったほうがよいかもしれないことをやっているらしいことがわかってくる。数学の先生がおもしろいことを教えてくださった。

まず、次の数字を見ていただきたい。1、1、2、3、5、8、13、21、34、55。その次はどんな数字がくるかおわかりだろうか。そう89だ、つまり前に並んでいる二個の数を足し合わせたものが次に来ている。1＋1＝2、1＋2＝3、2＋3＝5、3＋5＝8……というように。この並び方をフィボナッチ数列というのだそうだ。

さてそこで、さまざまな植物の葉っぱを見ると、そこにこの数があるという。まず一番単純なのがチューリップ。二枚の葉が向き合っているので葉と葉の間の角度は一周分、つまり三六〇度の二分の一になる。カヤツリグサの仲間は葉が三枚なので間の角度は三六〇度の三分の一。ここから先がおもしろい。おなじみのウメやサクラは葉っぱ五枚で二周する。葉の間は三六〇度の五分の二になるわけだ。アブラナ科は八枚で三周、タンポポは一三枚で五周、マツは二一枚で八周なので、ここで出てくる数字は八分の三、一三分の五、二一分の八となる。

たくさんの分数が出てきたので、チューリップからマツまでの数字をもう一度並べてみよう。二分の一、三分の一、五分の二、八分の三、一三分の五、二一分の八……。フィボナッチ数列と比べていただけるだろうか。ここで当然出てくる疑問は三四分の一三、つまり三四枚の葉っぱでちょうど一三周する植物はないだろうかということだ。そんなものを探すのは大変だろうし、自然界もそろそろこのあたりで止めておこうと思っているのかもしれないが、どう考えても葉っぱたちはフィボナッチ数列というおもしろい数字の並びを知っているとしか思えない。

この暑い最中にめんどうなことを言うなよとお思いになったか、いやあおもしろいと思ってくださったか。なにはともあれ、算数の宿題で苦戦している子どもには、ウメやマツに負けずにガンバレとエールを送ろう。

（一九九九年八月一九日）

宇宙の塵が私の素？

秋は空からやってくる。雲は高くなり、暮れるのが早くなった夕空には、くっきりした輪郭の月が浮かぶ。そういえば十五夜も近いぞとお団子のことを考えたのでは科学とは遠くなるので、ここでＮＡＳＡ（米航空宇宙局）へと話をつなげよう。

アポロによる月着陸から三〇年たった一九九九年の今、ＮＡＳＡは宇宙ステーション建設、火星探査など新しい仕事に忙しいが、そのなかで「生命」の研究も行なっている。宇宙の中で地球という星に生命体が存在していることは間違いない。そして、今ここにいる私も、夏の終わりを祭してセッセと働いているアリも、生きものはすべて生きものから生まれてくることも確かだ。自然発生説は、一八六一年、パスツールによって完全に否定された。そこで先祖へ先祖へとどんどん歴史をさかのぼっていくと、地球上の生物すべての祖先となった生物にいきつく。そこまではよい。では最初の生物は、いつ、どこで、どうやって生まれたのか。

ここへ来ると途端に何もわからなくなる。最も可能性が高いのは地球の海のなか。いくつかの実験で、海水と同じ成分の水中では、生物に不可欠のＤＮＡやタンパク質の材料になる分子ができることが示され、原始の海はそれらが溶けたスープだったろうと考えられた。ＤＮＡとタンパク質の材料はまさにだしの素、スープというのは単なるたとえではない。最近、深海でミネラルたっぷりの熱い温泉がわき出していることがわかり、こういう場所で生物が生まれたのだと主張する研究者もある。

ところでＮＡＳＡはどんな結果を出しているか。ハレー、ヘール・ボップ、百武などでおなじみの彗星には有機化合物（生物をつくる材料になる可能性のある物質）がたくさん含まれているが、その一部が塵となって地球の引力に吸い寄せられることがわかっている。そこで、ＮＡＳＡの科学者が飛行機の翼の下に、油を塗ったプラスチックのお皿をつけて二万メートルまでのぼり、塵を集めたところ、その五〇％は有機物だった。一方、地表には毎日数百トンの宇宙塵が降り注いでいることがわかっているので、空から有機物がたくさん運びこまれていることは事実だ。その物質が生命誕生にどれだけ関与したかはわからないが、ＮＡＳＡの研究者は、少なくともスープのコショウの役割はしただろう、つまり生命体生成を加速しただろうと言っている。答えはこれからだが、私の素が宇宙にあったかもしれず、どこか遠い星に同じ材料でできた仲間がいるかもしれないと考えるのは楽しい。

（一九九九年九月一六日）

文法で歌う小鳥たち

先々回、植物が算数をやっているという話をとりあげたところ、多くの方からおほめの言葉をいただいた。もちろん私にではなく植物たちにである。ところで、そうなんですよ、すばらしいんですよと答えながら、実は少々複雑な気持ちになった。ほめ言葉の裏に、意外にすごいのねというニュアンスが感じられたからだ。植物なんて、動くこともできないし、脳があるわけでもないのにというわけだ。実は、研究が進むにつれて、生きものは基本的には同じということがますますはっきりしてきているので、〜のくせになどと思わずに素直に見ていただけるとありがたい。

そこで今回は小鳥に目を向けよう。科目は算数でなく国語、しかもみなさまあまりお好きでなさそうな「文法」だ。鳥は、進化のうえでは私たち哺乳類の直前に位置する。生物学的に見てとても近い仲間だが、日常のなかで彼らを身近に感じさせる一つはあの鳴き声だろう。（人称代名詞を用いるときは「彼ら、彼女ら」と書くようにとしかられそうだが、ここはあえて彼らとした。鳴くのはほとんどが繁殖期にあるオスだからだ）。音を使ってのコミュニケーションは、人間の言葉を思い起こさせる。それだからだろう。一九五〇年代にベル電話研究所が音声分析機を開発するや、すぐにそれを用いた鳥の鳴き声研究が始まった。

千葉大の岡ノ谷一夫さんのジュウシマツの研究を紹介しよう。一見単純に聞こえる歌も、九種類の要素があり、各要素にaからiまでのアルファベットをつけると、たとえばdddefghidddefghiabc……と並んでいるのである。一塊になっているdddefをA、ghiをB、abcをCとまとめると、これはABABC……となる。こうしてたくさんの歌を分析したところ、この並び方はかなり複雑で、しかもそこには規則性つまり文法のあることがわかってきた。

そこで、ABCという要素は同じだけれど、文法に従わず単純な並び方をした歌をつくってメスに聞かせたところ、文法をもった歌を聞かせた場合と比べて産卵の時期が遅れることがわかった。ジュウシマツは東南アジアのコシジロキンパラを日本人が二〇〇年以上飼いならしたもので、そもそもの野鳥は単純な歌しか歌わないのだそうだ。ペットになり安全なカゴのなかで十分な時間を与えられたオスは、さまざまな歌を試みたのだろう。そのなかで文法のあるほうがメスに好かれ、そういう個体が続いてきた……やっぱり文法も勉強しなくちゃ、ということのようだ。

（一九九九年九月三〇日）

いい加減も大事

このところ二回は、植物や鳥の数学や文法という、生きものの律義な面を伝えてきた。それはちょっと気詰まりという方のために、今回はかなりいい加減な面を紹介しよう。

眼の話だ。実はダーウィンが進化を考えたとき、眼のような目的にうまく合った構造が、進化でできてきたとは考えにくいと悩んだといわれる。確かによくできている。その眼のなかで大事なものの一つがレンズである。これは、当然のことながら透明だ。動物の体で透明なところは他にはないので、レンズ特有の材料でできているにはちがいないのだが、ガラスではない。分析してみると、タンパク質がガラスのような結晶構造をしていることがわかった。とにかく、透明であることが特徴なので、とりあえずこのタンパク質をクリスタリン（クリスタル、つまり水晶にちなむ）と命名し、その実体を調べたところおもしろいことになってきた。

クリスタリンには一〇種類ほどあり、そのうちの三種類はあらゆる脊椎動物に共通だ。その他トリとワニにだけあるもの、サカナやトリに共通に見られるものというように種によって違うものがあり、動物によって、クリスタリンの組み合わせが少しずつ違っている。驚くのはここからである。各クリスタリンの性質を見たところ、一つ残らずなんらかの酵素だということがわかったのだ。

ここでちょっと生物学の復習をしよう。タンパク質は大別すると二種類ある。筋肉や皮膚など身体の構造をつくる〝構造タンパク質〟と、体内で起こる化学反応の進行を助ける〝酵素〟だ。この二つは、役割がまったく違う。クリスタリンは、もちろんレンズという構造体をつくる構造タンパク質だ。ところが、酵素の性質ももっているというのだから、話はめんどうだ。

レンズをつくっているクリスタリンが、眼のなかで今、酵素としてはたらいているわけではない。酵素タンパク質のなかに、うまく結晶して透明になるものがあったので、昔、眼という構造をつくるときにそれを流用したということだ。しかも種によって違うクリスタリン、つまり違う酵素を使っているのだから、この流用は、長い生物の歴史のなかでたった一度だけ起きたという類のものではないことは明らかだ。

眼という、なんとも巧みな構造ができあがった陰には、あり合わせのタンパク質の流用というある意味ではいい加減な、それゆえになんとも賢いやり方があったのだ。押し入れの隅に再利用できそうなものがしまいこまれていないか、ちょっとのぞいてごらんになったらいかがだろう。

（一九九九年一〇月二一日）

大人の頭もやわらかい？

科学をめぐる雑談をしているときに、ふしぎな話としてよくとりあげられてきた話題に「幻肢」がある。事故や手術などで手足を失った後に、それがあるような感覚が残るという事実だ。最初、一六世紀にフランスの医師によって記載されたが、幻肢という言葉は南北戦争の後にミッチェルというアメリカの医師が考え出したものだ。大勢の兵士の手足を切断したなかで、たくさん見られるこの現象に驚いて論文を書いたのだが、専門誌に出すと仲間に笑われると思い、一般誌に匿名で発表したそうだ。

確かにこれにはどこかあやしげな雰囲気があり、私もこういう話には近づかない方が安全と思ってきた。ところで、ラマチャンドランというカリフォルニア大学教授のインド人医師はとてもこれが気になっており、おもしろい発見をした。

まず脳の表面には、体の表面にふれたときに反応する部分が並んでいることを知っておいてほしい。今から五〇年ほど前にカナダの神経外科医ペンフィールドが、脳手術の際に調べたところ、その並び方は、喉、胸、唇、顔、手、体幹、足、生殖器となっていることがわかった。

次に登場するのはサルでの研究だ。片腕から脳につながる神経を切断したサルについて、切断後一一年たってから麻酔をかけ､体の刺激に脳のどの部分が反応するかを調べたのはポンズ(アメリカ)だ。手にふれても、脳のなかの手に対応する場所は反応しなかった。手からの神経がつながっていないのだから当然だ。

ところが――ここでびっくりするわけだが、顔に触ったら、手に対応するはずの脳細胞が活動したのだ。先ほど書いた、脳内での並び方を見ていただきたい。手の隣に顔がある。つまり、手からの情報が来なくなったので、顔の領域がそこまで侵入したにちがいない。

これを知ったラマチャンドランは、ハッと思いついた。そこで事故で失った幻の手のむずがゆさに悩まされている患者の頬を綿棒でこすったところ、「顔だけでなく失った親指にもふれられている感じがします」という答えが返ってきた。事故から四週間後だ。脳内でどんな変化が起きているのかはこれからの研究を待つほかないが、大人の脳でこんなに短時間に新しい結合ができているという事実は、脳ってかなり柔軟性ありなのかもしれないと思わせる。

ラマチャンドランは、子どものころから決まりきったことより少しはずれたことに興味があったという。それが、こんなおもしろい発見につながったのだ。変わり者も大事ということだ。

(一九九九年一一月一八日)

区切りのよいところで考える

もうすぐ二〇〇〇年。これだけ区切りがよいと、年が明けたからと言ってお日様が西から昇るわけでもなし、とうそぶいてもいられない。そこで、二一世紀の科学はどうなるか考えてみよう。まず二〇世紀を振り返ると、三つの大きな発見として、一般相対性理論、量子力学、DNAがあげられる（最後のDNAが一九五三年、すべて前半というのが気になるが）。いずれも難しい話だが、そこから新しい科学が生まれている。相対性理論と関連しては、ハッブルが一九二九年に宇宙が膨張していることを見つけた。宇宙とて不変ではないのだ。

量子力学に関していえば、原子より小さなものはないと考えられてきたのに、それを構成する素粒子が次々と発見された。クォークと言われても実体はわからないが、とにかく宇宙をつくっている物質の基本にまで迫っているらしいとわくわくする。しかもこれをつきつめていくと宇宙の誕生につき当たるというのだからおもしろい。極微の世界の向こうに極大な宇宙の存在があるわけだ。最近では、あらゆる波長を用いた大型望遠鏡が生まれ、宇宙の果てや星の誕生を見せてくれるのが楽しい。DNAについては、これまでも折にふれて語ってきたが、地球上の生物は皆これを基本にして生を営んでいることが明らかになった。近年、ヒトゲノム解析計画に象徴されるように、DNAの解析から、生命現象や生きものの歴史の解明を系統的に進められるようになった。

さてそこで次はどうかとなるわけだが、まずは、これまで述べてきたような研究がさらに進むことは間違いない。しかし、ここに問題がいくつかある。

一つは、どの分野も分析的なわかりやすい部分をぐんぐん進め、おもしろいところへ来ているのだが、次の問いは、宇宙誕生の謎は解けるかとか遺伝子で生命はどこまでわかるか、意識の正体はつかめるかというような、すぐには解けそうもないものになるということだ。それを解くには、発想の転換と相対性理論やＤＮＡに匹敵する大きな発見が必要なのだろうと思う。それが何か……わからないのが凡人の悲しさだが、若者がここに挑戦してくれるにちがいないと楽しみだ。

もう一つの問題は、事が本質に迫るにつれて、意識の操作とか老化の制御などの応用が考えられるとすると……それってよい社会につながるのだろうかということだ。世紀の変わりめという区切りのよいところで暗いことは考えたくないが、事がわかるほどに人間そのものが問われることになる、と気が引き締まる。

（一九九九年一二月一六日）

毛利さんの大仕事

毛利衛（まもる）さんが搭乗したスペースシャトルが、延期を乗り越えてようやく打ち上げられた。今度の毛利さんの任務の一つは、シャトルの外に出した六〇メートルの棒の先につけたレーダーで地球を撮影し、地球全体の立体地図をつくることだそうだ。

日常私たちは、地図帳を眺め、ロンドンはどこにあるかを知ったり、黄河はさすがに大きいと感心したりする程度で、地球はいつも変わらないような気がしている。

しかし、考えてみれば地球では、毎日どこかで雨が降り、風が吹き、地震が起き、時には火山も爆発しているわけで、日々変化があるのだ。これが重なって長期的には砂漠化なども起こり、近年は熱帯雨林の破壊など人間の影響による変化も大きい。

そう考えると、二〇〇〇年という時の地球を立体的に描きだすことにはとても大きな意味があるとわかる。毛利さんは、とくにこれが地球環境問題の解決への資料になることを願っていると張り切っていた。

ところで、地球環境問題といえば、宇宙船自体が、環境のあり方を考える場となるはずだ。シャトルのように短期間で帰ってくる場合は、食料も含めて必要なものはすべて地上からもって行き、不用物はもち帰ればよいが、長期滞在型となればそうはいかない。

今建設中のスペースステーションでは何カ月も、時には年の単位で宇宙に滞在することになろう。今の計画では、水を分解して酸素と水素をつくり、酸素は人間が吸い、水素は呼気のなかの二酸化炭素と反応させてメタンとして船外に捨てるということになっている。排水や尿は浄化して再利用するが、食料は地上から運び、固形の排せつ物はもち帰るのだそうだ。

しかし、次には火星行きが待っている。その場合は、完全リサイクル、つまりミニ地球にしなければならない。そこで米航空宇宙局は、人間がとり入れるものと、出すものを正確に測った。成人の場合、平均で一日に水三〇七七、食料六一八、酸素八三六が入り、出るのは水三三三一、固体二〇〇、二酸化炭素一〇〇〇（単位はいずれもグラム）となる。合計どちらも四五三一グラムと合うわけだ。

ここで、出るものを入るものに変えるのに不可欠なのが植物だ。さて、どんな植物をどのように育てればよいか。実はこの発想で、日本でも青森県六ヶ所村でミニ地球の研究が始まった。宇宙への夢と地球環境保全の両方を狙ったミニ地球の発想は、二一世紀の人間の生きる道を探る大事な研究になっていくと思う。

（二〇〇〇年二月一七日）

食べるワクチン

一見無関係なことを結びつけると新しい発見につながることがある。これは、科学の世界でよく見られることだ。というほど大げさな話ではないのだが、今話題になっている遺伝子組換え作物と流行中のインフルエンザを結ぶ話をとりあげよう。私のまわりにも、ワクチン不足で予防注射を断られ、高熱に悩まされたという方が何人かいる。

遺伝子組換え植物の能力を活用してワクチンを生産しようという動きがさかんになっている。きっかけの一つは、一九九〇年に開かれた子どもサミットである。発展途上国の子どもたちの健康のために、安全で安価で有効なワクチンづくりをしようということが話題になったのである。そこで登場したのが〝食べるワクチン〟だ。途上国の乳幼児死亡の大きな原因は、コレラ菌、病原性大腸菌による下痢である。

この二つの菌の毒素はよく似ているので、その両方に関わる成分を生産する組換えジャガイモをつくり、マウスに数回与えたところ抗体ができた。

この報告が出たのが九五年、その後安全性、有効性などのチェックの後、ヒトでも試され効果があったと九八年の論文にある。五〇一一〇〇グラムのジャガイモを三回食べたボランティア一一人のうち、一〇人で血液中の抗体が四倍に増えたというのだから有望だ。とはいえ、ジャガイモを生で食べるのはちょっと遠慮したいと思ったら、現在バナナに挑戦中とあった。これなら食べやすい。痛い注射と違って、逃げまわる子どももいなくなるだろう。他にもさまざまなワクチンを開発中、と聞く。

実はこの陰には、免疫学の新しい研究成果がある。外敵が入ってくる最初は、主として鼻、口などの粘膜であり、そこから先の消化器も外と接しているのはみな粘膜だ。ここで免疫グロブリンAという抗体が生産され、体を守る。

この生産は、血液の流れに乗ってくる細胞からの指令があって初めて行なわれると思われていたのだが、最近、粘膜部分に免疫細胞があり、それがグロブリンAをつくることがわかってきた。だからこそ口から腸へ行く〝食べるワクチン〟が有効になるわけだ。バナナであれば、発展途上国の多くの国で育てられるので、先進国で製造して送る必要はない。

遺伝子組換えと聞いただけで、とんでもないと言わずに、安全性には十分注意しながらこのような植物を有効に利用していったほうが生活向上につながるのではないか。食べるワクチンという話題を通して考えていただきたいと思う。

（二〇〇〇年三月一六日）

「わかる」と「わからない」のはざまで

「今、若くなって新しく研究を始めるとしたら、何を選びますか？」

突然聞かれて考えこんだ。四〇年以上前、たまたま生命現象を物質のはたらきで調べられることを知り、なかでもＤＮＡがおもしろそうだと感じてこの道に入ったときは、この分野がこれほど大きく展開するとは思いもしなかった。なにしろ、今年、少なくとも来年（二〇〇一年）にはヒトゲノム、つまりヒトの細胞内にある全ＤＮＡの解析が終わるというのだから。

もっとも、これが解析されたからといって、人間のことがたいしてわかるわけではない。これから先、このなかにある一〇万個*ほどといわれる遺伝子のはたらきを調べるのには、どれほどの時間がかかるかわからないし、それが全部解明されたからといって、これで人間がわかったということにはならないだろう。

＊実際は二万三〇〇〇とわかった。

大きく展開したと言いながら、当面たいしてわかるわけではないとは矛盾するではないかと言われそうだが、実は科学の本質はここにある。

このわかりそうでわからないというあたりを上手に楽しみ、そのなかに少しずつ新しい道を探り当てる努力をするのが好きという人が科学には向いている。ここから人間ってこんなものらしいということがほんの少し見えるのを楽しむのだ。

たとえば、免疫の研究が進んだ結果、常にあらゆる異物に対する免疫細胞がつくられており、その大部分ははたらく場もなく消えていくということがわかったときは驚いた。なんとムダな、生物は巧みだと言われているけれどとんでもないと思ったのだ。しかしすぐに、だからこそ、この異物だらけの厳しい世間を生きていけるのだと思い直し、ムダの意味を改めて感じた。

ムダばかりやってる私は人間らしい生き方をしているのだと、ついでに自己弁護もしながら。DNA研究はこのような楽しみをたくさん与えてくれた。

そこで、最初の質問に戻り、これから楽しみな分野は何だろうと考えると、一つは脳だ。この相手はなかなかの曲者で、どこから探ってよいかはわからないが、近年、生物進化のかなり初期から脳があることがわかってきたのがおもしろい。プラナリアという水中に住む小さな生物にすでに脳があり、人間の脳と同じ物質がはたらいていると聞くと、ホウやるじゃないと思う。

すべてをわからせて役立つのが科学だとだけ思わず、わかりそうでわからないあたりを楽しんでいただけるようお願いしたい。

（二〇〇〇年三月三〇日）

日常のなかの科学

独創が生まれる雰囲気

なにかといえば、ノーベル賞。飛び級をとり入れたり、大学院生の数を大幅に増やしたり、さらにはポストドクトラル・フェロー（博士号取得後任期制研究者）の数を増やして待遇もよくするなど……何をするときも、必ずノーベル賞が出てくる。確かに、この賞の歴史と伝統は尊敬に値するが、実は日本でもいくつか大事な賞が生まれ、続いている。

そのなかの一つにコスモス国際賞がある。これは、一九九〇年に開催された花の万博のときの「自然と人間の共生」という理念を受け継いだ（財）国際花と緑の博覧会記念協会が一九九三年から始めたもので、これまで六年間の受賞者を見ると、なかなか興味深いものがある。

賞につけられたコスモスは、花の名前と宇宙の意味とをかけているわけで、自然界全体に目配りした研究を掘り出して顕彰したいという気持ちがこめられている。分析的・還元的な方向でなく、統合的・包括的な研究……最初、そのような狙いを聞いたとき、正直言って、どんな受賞者が出るのか見当もつかなかった。

ところで、縁あって受賞者決定に参加してみて、おもしろい人、すばらしい人がいる所にはいるもんだと思い知らされた。たとえば今年の受賞者は、米国のJ・ダイアモンド博士。ハーバード大学で生化学、ケンブリッジ大学で生理学を学び、現在、UCLA医学部教授という履歴を書いていったら、なんでそれがコスモス賞?と思われるだろう。

ところがこの方、一方で自然史博物館の研究員でもある。大学で生体膜の透過の分子生理学研究をしながら、それと並行してニューギニアでの鳥類の集合規則、人の移動にともなう鳥や他の動物の絶滅など、フィールドワークでの論文をたくさん書いているのだ。

実験室研究とフィールドワークのつながりが出始めており、進化や多様性についての関心も高まっている今なら、そういう研究者もありかな、と思わなくもない。しかし、ダイアモンド博士の研究歴は一九六〇年代から始まっている。

まず、ご本人の知力と体力に感心するけれど、それと同時に、アメリカという国の学問の世界の懐の深さにも心を打たれる。日本ではこんなこと、許されなかっただろう。最近になって多様性という旗振りの下、昆虫好きの研究者が大きな声を出すようになったが、ついこの間までは声をひそめていた。

一九九〇年代になって、ダイアモンド博士は栽培植物と家畜の伝播による人類の歴史を描き出している。ユーラシアのように気候条件の似た中での伝播と異なり、アメリカ・アフリカ大陸での縦方向の伝播では、家畜の移動による伝染病の移動が最も多数の殺戮を犯したというのだ。また、研究を基に人種偏見を強く否定している。

独創性、ノーベル賞、とわめいていれば新しいことができるようになるわけではなさそうだ。本当に独創的な人が、おのずと生まれてくる土壌をもつ国になりたいものだと思う。同世代のダイアモンド博士に心からのお祝いの気持ちを送りながら、日本のこれからを考えている。

（一九九八年一〇月）

シニアゆえの独創的研究

先回、一九六〇年代から分子生物学と生態学、ついには人類学まで同時進行させ、自らの学をつくりあげたダイアモンド博士を紹介し、米国の科学の懐の深さを評価した。

ところで、今では総合化が世界の学問の流れとなり、異質の分野を並行して研究するというところを越えて、一つの課題を解くには分子からも生態からもと、さまざまなアプローチをする必要を感じることが多くなっている。実は私も、生命誌研究館を核として、常に複数の事柄を抱えて動いており、しかもそれを相互につなげていくことにおもしろみを感じている。

今回の連載では、ダイアモンド博士という魅力的人物を枕に使わせていただいて、今、私が大事と思っているさまざまな事柄が「生命誌研究館」という形で統合されていく姿を、いくつかの実例で語らせていただきたいと考えている。

生命誌は、「DNAをゲノムを単位としてとらえ、共通でありながら多様という生命体の基本を、構造と機能の面からだけでなく、歴史と関係という視点を入れて解明していく」ことを核にしている。そのために、やるべき事柄、とるべき手段が次々と出てくるわけだが、やはり基本となるのは生きものを対象にした実験を基盤とする研究である。

研究テーマとしてまず考えたのが、地球上で最も多様性を誇る昆虫を対象に分子系統樹をつくり、その結果を従来の形態分類、生態学などとつき合わせて一つの生物種の全体像をとらえてみようということだった（昆虫を選んだのは、小型で扱いやすく、専門外の人にも身近という理由も大きい）。具体的に選んだのはオサムシという甲虫で、近いうちに世界のオサムシの系統樹を描けるところまで研究は進み、その過程で進化の実態や生物と環境の関係など、予想外の成果まで上がっている。それはそれで、また別の場で書かせていただくこととし、ここで伝えたいのは研究の進め方だ。

研究の中心になっていただいたのが大沢省三・名古屋大学名誉教授。ここで考えたのは、シニアの研究者でDNA研究の最前線を歩き、すばらしい成果を上げる一方、心のなかに子どものころの生きものへの愛着と素朴な疑問をもちつづけてきた方に、心から研究を楽しんでいただこうということだった。

研究の主流は今や大型化、プロジェクト化している。それはそれで重要だが、〝関心をもっていることをじっくり考えながらコツコツ解いていく〟のが研究の本質であることに変わりはない。しかし、論文の数を競い、研究費獲得に精力を注がなければならない現状では、それは難しい。また、いくら好きだからといって明確な目的なし、適確な方法論なしの研究はいただけない。この二つの問題をクリアできるのは一流のシニアしかない。

大沢先生には十分楽しんでいただき、しかも多様性や進化に関する研究に先鞭をつけることができた。事実、オサムシ研究の成果を見て、類似の研究がいくつかの機関で始まっている。

「大型」、「若者」がキャッチフレーズとなっている現代の研究のなかで、シニアだからこそできる研究もあり、そこに本質が見えてくると実感している。

（一九九八年一一月）

〝と〟について

おそらく初めてのことだと思う。辞書で助詞の〝と〟を引いてみた。まあたくさんのことが書いてあるが、私が目的としたところには〝共同の意を表す〟とあり、①動作・作用の共同者を表す。例、～とともに、②動作・作用の敵対者を表す。例、～と争う、③対等の資格の物事を列挙する。例、春と夏。こうなっていた。

実は、最近〝と〟が気になっていたのだ。たとえば、科学と社会、科学と倫理、大学と社会、企業と社会などなど。よく聞く言葉だが、この〝と〟はどういう意味だろうと思うと夜も眠れない……そんなことはないが、少しひっかかる。

ところで、これらの〝と〟は、辞書にある①②③のどれに当たるのだろう。改めて考えると、よくわからないし、どうもこの三つのすべてを、どこかにもたせた意味合いで使っているような気がする。ただいずれも、本来それは異質なもの、離れたものなのだが、なんとか結びつけなくてはいけないというニュアンスが感じられる。②をむりやり、①にしようというわけだ。

現状を見ると、確かにそういうところがある。たとえば科学研究は、大学や研究所という特定の場で行なわれており、その内容は理解が難しい。ときには、何のためにやっているのかさえわからない。そこで、「そんなことわからなくたって、日常生活には何の支障もない。まあ勝手にやってくださいよ。ただ、おかしなことはやらないで」という程度のところが、社会からの声だろう。一方、科学を進める側も、別に社会全体に理解されなくても、仲間内で評価され、研究費が獲得できれば十分というわけだ。

まさに異質なもの、離れたものだ。もちろん、科学と社会という言葉が出てくるのは、この状態に批判的な場面だ。科学研究は社会の費用で行なわれているのであり、説明の義務がある。しかも、科学の成果から生まれる技術がわけのわからない状況で社会に入るのは困る。一般人も、基本から理解して、技術に対する判断力をもたなければいけない。とくに理科離れが見られる昨今、科学と社会というテーマは大事だ。と、こうなる。

そのとおりだ。しかし、この議論では、やはり科学と社会は異質ということを前提にしており、②が消えていない。最初から①で行くわけにはいかないものだろうか。いや、①が本来だと思う。それではどうするか。科学と社会という課題を研究者自身が積極的に受けとめるということなしには答えは得られない。すばらしい科学ジャーナリストが生まれればよい、というものではないのだ。

研究という作業は、実験、調査などだけでなく、論文発表までを含むことはだれもが認めているが、ここでもう一歩、社会に理解されるところも入れるというところまで進める必要がある。このようなシステムは、まだできていないので、それをつくっていくことが科学と社会というテーマのなかの大きな課題だと思い、生命誌研究館ではそのシステムづくりに努力している。この輪を広げたい。

（一九九八年一二月）

宇宙と生命をつなぐ地球

先日、ノーベル賞受賞者を囲むフォーラムに出席し、江崎玲於奈（れおな）博士（一九七三年物理学賞）、李遠哲博士（一九八六年化学賞）のお二人の話を伺っているうちに、ふと次のようなことを考えた。

江崎先生は、古来、人間が好奇心を抱いてきた対象は二つ、宇宙と生命だとおっしゃった。確かにそのとおりで、一一月のしし座流星群を見ようと初冬の真夜中に寒さもいとわずに外へ出た人は、かなりの数だったようだ。毎日、経済のニュースばかりで、世の中それしか関心がないのかと思ったが、別にお金につながらなくても、ただ美しいものを見たいという気持ちも失われていないことがわかって、何となくホッとした。

生きものについても、都会では自然に接する機会が少なくなったと言われながら、生きものを愛し、関心をもつ人は少なくない。

ところで、宇宙と生命の場合、単に星への関心、チョウやネコへの関心というところを超えて〝コスモス〟という概念がある。コスモスとは、本来秩序の意だが、転じて、それ自身のうちに秩序と調和をもつ世界を指す、と辞書にある。そして、マクロコスモスは宇宙、ミクロコスモスは人体の意、ともある。つまり、宇宙、生命への関心は、単に物質的な存在としての関心だけでなく、宇宙観、生命観が問題となり、それが自分の生き方につながるわけだ。

李先生は、現在の問題として、地球への関心の重要性を挙げられた。科学者も地球村の住人としての意識が大事だという指摘だ。最初に挙げた、ふと思ったこととは、地球に関しても、鉱物採集など博物学的興味はあるけれど、宇宙や生命のようにコスモスというとらえ方はないということだ。ところが、現実を見ると、今、最も一まとまりで考えなければならないのが地球だという状態になっている。

宇宙も生命も、確かに秩序と調和をもつ世界として認識できるが、具体的にその全体をとらえることは難しい。地球は宇宙船から見ると、明らかに一つの球体として眼のなかに収めることができる。もちろん、実際にそれを眼にした人は限られているが、そこで撮影された映像を通して、世界中の人が地球を客観的存在として眺めたわけだ。

しかも、地球環境問題のように、日常の活動が地球を意識せざるを得ないという形で、われわれの物の見方に変革を迫る事態も起きている。それには、おそらく地球観のようなものが必要なのだろう。しかし、宇宙観、生命観と並べて地球観という言葉は使いにくい。あまりにも実体的すぎるからだろう。

ここで、科学・技術の力で最も具体的に秩序と調和を探る必要のある存在として浮かび上がってきた地球にしっかり眼を向け、宇宙・地球・生命というつながりのなかで物を見ていくことが今とても重要なのではないだろうか。それは、宇宙誌、地球誌、生命誌という形で、知を統合化していく努力につながるはずである。

(一九九九年一月)

不満でなく不安

科学技術基本法が制定され(一九九六年)、二一世紀の日本は科学・技術振興の道をとることになった。幸い、この景気低迷のなかでも、科学研究・技術開発のための予算は伸びている。このような未来への投資に異を唱えるつもりはないが、ここで青臭い問いをしたい。

何のための科学・技術振興なのか、ということだ。今、最も強く意識されているのは国際競争力のような気がする。他国、とくにアメリカに負けない力をつけなければいけない。そのためには、創造力豊かな若者が多数必要だということで、大学院生三〇万人、ポストドクトラル・フェロー一万人という目標が出された。最近は、研究成果を産業につなげる必要があるということで、ベンチャー支援の動きも出ている。国立大学の敷地にベンチャー用の施設を建設できるなど、具体的な変化も大きい。これまで、産学協同が唱えられながらも、実際に動こうとすると、さまざまな制約があったのに比べ、各省庁での規制の緩和や慣行の変更が積極的に行なわれている柔軟さに、今度こそはとの期待が高い。

ただ、その場合に目標としてしばしば出されるのがビル・ゲイツとなると、最初に述べた青臭い質問が浮かんでしまうのだ。確かに、第二次世界大戦後から一九七〇年ごろまでは、目標はアメリカ社会だった。ハリウッド映画で見る豊かな生活、留学した先輩から伝えられる研究環境の大きな差に溜息が出た。その後日本でも三種の神器なる家電が登場するなど、豊かさこそ幸せという時代が続いた。

しかし、今や消費を煽っても、国民はそれに乗らないという状況だ。むしろ、ヘッジ・ファンドが経済を動かし、ビル・ゲイツが一人勝ちするような社会には、不安を感じるというのが正直な気持ちだと思う。エネルギー多消費型の物の溢れた社会は、環境・エネルギーなどの面からも不安だ。あまりにも速い技術の展開も不安をそそっている。

そこで、こう思う。これまで私たちは、常に不満を解消するための努力をしてきた。ところが、今や解消すべきは不満ではなく、不安になったのだと。井村裕夫先生（科学技術会議議員、内分泌学）

がおもしろい話をしてくださった。糖尿病のことだ。生物は長い間、飢餓と闘ってきた。だから、人間の身体も飢餓には対応できるようになっているが、飽食にはとまどってしまう。そこで、糖尿病などという病気が増えることになった、というのだ。

それと同じく、科学・技術は不満の解消への努力を続けてきたので、その延長上での活躍は得意だが、不安の解消には慣れておらず、とまどうところが多い。

ものが豊かなのはほんの一部の国で、不満な国はたくさんあると言われそうだが、それも単に物質で解決するものではないことは明らかだ。できることなら、アメリカとの競争ではなく、みんなが安心して暮らせる社会を支える科学・技術という観点から何をやるべきかを考え、そこで日本がリーダーシップを取りたい。いくつかの審議会に参加しながら、いつも心のなかで思っていることなのだが、こんなのは、いつまでも青臭い奴のたわ言でしかないのだろうか。（一九九九年二月）

伝える人に注目する

一九九七年に科学技術庁科学技術振興局長の私的諮問機関として始められた「科学技術理解増進検討会」に参加し、昨年（一九九八年）一一月に提言を出した。「伝える人の重要性に着目して」と題して。ここでの特徴は、「伝える人」という言葉である。

局長からの諮問があったということでわかるように、科学技術が多くの人に理解されることが必要であるという認識は高まっている。科学技術の研究は、たくさんの税金を使って進められているのだし、時に暴走もしかねないので、みんなでチェックできるようにしなければいけないのに、専門的な知識はわかりにくくなっている。そこで、これをわかりやすく説明する人が必要だという社会からの要望は強い。

よく言われるのが、サイエンス・ライターとかサイエンス・ジャーナリストと呼ぶべき職業が不足しているということだ。確かにそのとおりだ。欧米の雑誌には、この種の職業を名乗る人の書いた解説記事が載っているし、単行本も発行される。日本もそのようになるとよいと思う。しかし、欧米を見て、そうなってほしいとか、そうあるべきだ、などと言っていても事態が変わるものではない。

そこで、今回の報告では、とにかく「伝える」という行為に注目して、さまざまな場で、さまざまな人が、それを行なう仕掛けをつくろうという考え方を出したのである。伝える人を特定するのでなく、多くの人が伝える行為に参加しやすいようにしようということだ。

伝える人の、第一候補は、もちろん科学者・技術者自身だ。とくに今は、科学・技術そのものが大きく変わりつつあり、そのなかで科学・技術に携わる人が、単に数字や事実を扱うだけでなく、科学とは何か、技術とは何かについて、根本から考えることが不可欠になっている。

身近な例で言うなら、医師という職業に対して社会が求めるものは、優れた医療技術や先端的な医学の知識だけではない。たとえば、がんであるとわかったとき、それをどのように知らせてくれるか。治療の可能性についてどのように説明してくれるか。それは単に、話術というレベルを超えて、医師がどのような考え方で医療に取り組んでいるかというところまで含めての問題になる。

医療の場合はわかりやすいが、これはあらゆる科学、技術に当てはまることだと思う。これまでは、科学・技術の専門家を育てる学部では、むしろ、人間と接すること、伝えることとは離れた教育を受けることになりがちだった。しかし、これからは、その考え方を変える必要がある。

伝える人の第一候補は学校の先生だ。これまた、知識の伝達のみが要求され、考え方や科学・技術の評価などは行なわないように、むしろ抑えられてきたと思う。しかし、教えるというより、一緒に考えることが今後ますます大切になり、「伝える」という感覚が必要になる。

その他、科学館の学芸員にもふれたかったが、紙数が尽きた。伝えるということを特定の職業に閉じこめず、科学・技術に必須の行為として受けとめる必要性については、また機会を見て扱いたいと思う。

（一九九九年三月）

社会の価値観の影響

一九九七年にクローン羊が登場してから、二年が経過した。哺乳類の体細胞からクローンはできないのではないか……なんとなくそう感じていたところへのこの報告は、学会にも社会にも大きな影響を与えた。

完全に分化した細胞か否かという問いへの答えはまだとしても、その後、ウシやマウスでもクローンが誕生したことで、哺乳類成体の体細胞からのクローン作成は生物学的事実としては確実になったと言ってよかろう。早速、実験用につくった特定の遺伝的性質をもつ動物や家畜の繁殖などへの応用が考えられている。体細胞からのクローンの寿命その他まだわかっていないことも多いので、どこまで実用化できるかは今後の検討にかかっているのだが。

そこで、問題はヒト・クローンだ。今のところ、主要各国は「ヒト・クローン作成禁止」という対応をしているが、そこに到るまでの議論の経緯を見ると、社会によって、反応がさまざまだ。それぞれの社会の文化や歴史、科学研究への対応がわかって興味深いのだが、そのなかで気になることがある。

欧州の場合は比較的はっきりしている。というのも、一九九〇年代に欧州各国では、人間の生殖技術(人工授精、体外受精だけでなく、受精卵の実験も含む)に関する法律が制定され、クローン技術もその一つとして考えられているからだ。既存の法で規制できるか、もしできないとしたらどう対応すべきかを具体的に考えればよい。そのような議論のなかでフランスが、遺伝的素質の同一性と個人としての同一性は異なるが、とはいえ、クローン技術はこの間の関係を揺るがすものであるという思想的な検討をしているのが目を引く。

気になるのはアメリカだ。もちろん、クリントン大統領がすばやく対応して、クローン研究のモラトリアムを求めると同時に国家生命倫理諮問委員会に検討を求めた。ただ、そこからの報告は、モラトリアム（五年間）の遵守を求めてはいるが、その理由を、この技術がまだ未熟であり、生まれてくる子どもを危険にさらすというところにおいている。その後のアメリカでの議論を見ると、このような報告になった理由がわかる。生殖技術、性、家庭などをめぐる価値観が大きく揺れているなかで、クローンを倫理の一言で規制するのは難しいのだ。しかも、米国の基本には、ある技術を使って幸せになる人がいるのなら、それは止められないという考えがあると科学技術ジャーナリストの友人が教えてくれた。

生殖技術の場合、微妙だ。科学技術者というより、市民のなかに技術への強い要望があるからだ。日本でも「望む人がいるなら応えるのが専門家だ」として、学会での約束ごとを破って、夫婦間以外の体外受精をした医師があり、この考え方で進んでよいのかが気になる。これは、社会の価値の変化が専門家を引っ張って行く例であり、新しい技術を科学者・技術者の問題として、「科学と社会」とか科学者の倫理という側面からだけ議論していると、的はずれになるのではないかと思う。

（一九九九年四月）

国語としての科学

毎年秋から暮れにかけて、小学生からの手紙が送られてくる。小学四年生の国語の教科書に「体を守る仕組み」という文を書いているので、それに対する感想文が寄せられるのだ。体を守るという題でわかっていただけるだろう、これは人体の免疫機能について語った文である。

私たちの環境には微生物に代表される目に見えない異物がたくさん存在しており、常に体内に入りこもうとしていること。それから身を守るために、皮膚、涙、せん毛などの物理的防御機構ができているが、そこを通過して入りこんだ異物には、体内のみごとな免疫システムが対応すること。こんな話を四年生にわかる言葉で書いた。

実は、この話を「理科」という学科で語ろうとすると、小学校はおろか、中学校でもノーと言われてしまう。学習指導要領なるものがあって、学年ごとに教えるべき項目が決められており、そのなかに免疫は入っていないからだ。

免疫は、生命現象のなかでもかなり複雑なシステムであり、目下最先端で研究中の課題である。しかも、研究が進めば進むほど、一つ一つの因子が複数の機能をしているなど、生物学者でも免疫を専門としない人には理解が難しくなってきている。そこで、こんなことが小学生にわかるはずがないと思うのが、教育者の立場だろう。もちろん、研究そのものを扱ったり、大学での講義のようにT細胞、B細胞という役者を登場させ、キラーだヘルパーだというめんどうな関係を専門用語を用いて説明したのでは、小学生による理解はむりだろう。

しかし、日常用語だけで、血液中の白血球の仲間の活躍として本質のところだけを語れば、自分の体の中で起きていることとして実感できることが、感想文を読むとわかる。

科学を科学として語ろうとすると、どうしても科学のなかでの難しさにこだわることになる。しかもそれは、チョウの分類ならやさしくて、免疫やがんの話は難しいという、なぜか科学者のなかでできてしまっているランク付けに従うことになる。しかも、いくらやさしく語ろうとしても、科学の話となると、科学的正しさを優先することになり、専門用語を使って説明するほかないという思いこみがある。

そこで、科学をみんなのものにしようという努力の割には、難しいの一言で敬遠されることになっているような気がする。科学、科学と言わずに、「国語」として――これは、教科の国語という狭い意味で言っているのではない――語る状態をつくっていくことで科学を日常化するというところまで、思いきって考えを広げてもよいのではないか。小さな体験からそう思う。（一九九九年五月）

科学はどこへ行った

この雑誌には向かないと思う一方、ここが一番ふさわしいという気もして、とにかく、今の気持ちを率直に表現してみようと思う。

世紀の変わり目だからというだけでなく、実質的に社会のありようが変わらなければいけないという認識は、多くの人が抱いていると思う。そのなかで日本は、科学技術立国を唱え、科学技術基本法をつくった。人間とは何か、良い生き方とは何かという根本まで戻ったときに、これが最良の選択であるかという点は、ぜひ、人文・社会系の方に検討していただきたいが、それはここでは問わない。

ただ、科学技術基本法以来、学問の方向や研究の進め方を議論する場で、科学という言葉がほとんど使われなくなり、すべて科学技術で語られるようになったという事実が気になるのだ。科学技術の重要性を否定する気は毛頭ない。その開発に情熱を燃やしている人の姿は魅力的だ。しかし、白状するなら、私は、生きているとはどういうことか、人間とはいったいどういう存在なのかということに強い興味をもって生物研究の分野にいるのであって、仕事として技術には関心がない。もちろん、生物研究も今や技術と直接つながる部分が多く、社会的に見て、その分野が重要であることは十分認めており、この種の研究は高く評価する。基礎研究として第一級であり、しかも役に立つ──医学研究などには、そういうものがたくさんあることもわかっている。

だがそれでもなお、すべてを科学技術で語ってしまうことのマイナスを感じる。その一つは、議論の出発点が競争におかれ、とくに標的をアメリカにおいて方向を定めることだ。その結果、研究者、研究費ともに、まずは量で勝負となる。大学院生三〇万人、ポストドクトラル・フェロー一万人。その人たちの人件費の引き上げや研究費の増額。こうして挙げていくと、どれも決して悪いことではないのだが、全体から浮かび上がる姿は、余裕のない集団だ。あらゆることが量で語られる社会になっているのは否めない。成果も多くの場合、論文数（一見、質を取り入れているように見える引用数による比較も、やはり量の世界だ）で評価される。

くどいが繰り返す。この世界を否定はしない。しかし、これがすべてではなかろう。人間の生き方を考え、より良い社会を考える「知」、「学問」に関する議論と、それを創り出す作業が同時に進行していなければおかしい。科学が科学技術のなかに巻きこまれたために、少しきつい言葉を使うなら、学問の世界の品が失われている。量、お金、競争……これに左右されず、なお価値ある学問をもつ社会でありたいと思う。これは社会全体に品を与えることにもなる。「花はどこへ行った」をヒットさせたジョーン・バエズに、あの澄んだ声で歌ってほしい。「科学はどこへ行った」と。

（一九九九年六月）

学際などと言わずとも

『化学の未来へ』（近畿化学協会編、化学同人、一九九九）という本を送っていただいた。近畿化学協会が、化学は無限の広がりをもち、二一世紀には新しい展開をしていく可能性をもっていることを人々――とくに若者に知ってほしいという思いでつくったものだ。

この本で大変興味深く思ったのは、最初に「生命」という項があることだ。これには、私の個人的思い出がからんでいる。今から四〇年ほど前、化学科を卒業したのに、なぜか生体内での化学反応に興味をもってしまい、分子生物学の教室へ入ろうとしたとき、仲間からとんでもない選択と言われたことを思いだしたのだ。

実は私は、そのとき急に生物学が好きになったわけではないのだ。生体内では化学物質が循環していることを示した『動的生化学』（E・ボールドウィン、江上不二夫ほか訳、岩波書店、一九五四）という本に惹かれ、その後出会ったDNAという物質をなんともおもしろそうと思い、試験管の中の化学より体のなかの化学の方がおもしろいと思ったのである。それが分子生物学を選んだ理由である。

当時の化学は、それまで、ただC－Oというように棒で表現されるだけだった化学結合の実態が、物理学の言葉でみごとに語られるようになる一方で、高分子化学が華やかな展開をする魅力的な分野だった。学問としての方向性ははっきりしており、論理的選択をするなら、化学の主流を歩いたはずである。今考えてもそう思う。

それから四〇年。個人の一生にとっては十分に長い時間だけれど、歴史的な時間としては非常に短い間に、化学者が生命現象をわがテリトリーとして語ることになったという事実を前に、ちょっとした感慨にふけった。私的なことを越えて、学問の流れのおもしろさがここにはある。

そもそも、生命科学の歴史をたどっていくと、一九世紀にそのルーツがある。生物という多様な存在を科学が扱うには、そこに普遍性を探らなければならないわけだが、それが、細胞の発見、進化論、遺伝の法則発見という形で、次々に登場してきた。

そこで、その普遍性を具体的に解明していく手段として「生化学」が浮かびあがる。酵素という物質が発酵を支える本体であることがわかって以来、代謝も遺伝も発生も進化もみな、化学反応として語られることになった。分子生物学という言葉がそれを如実に語っている。それなのに化学の専門家は、この言葉のなかの〝分子〟よりも〝生物学〟の方にまず目をやって、これは異質の世界としてしまったのだ。

分子生物学も十分育ち、化学もさらなる広がりをもちはじめたところで、化学の未来を語る冒頭に、「生命」、具体的には脳やウイルスが登場することになったわけだ。化学の生物学に対する態度には微妙なものがあり、遅れた学問という見方もなきにしもあらずだった。

それが、おのれの発展のなかで、生命現象をわがテリトリーとして示すことになってきたわけで、学際などと言わずとも、壁は取り払われている。学問はこのようにして総合化されていくのであり、学際などとかけ声をかけることでおもしろくなるものではない。次の時代には生命現象にとどまらず、生きものそのものへの関心が化学から生まれるという展開があるとおもしろいと期待しながら、化学の新しい動きを興味深く拝読した。

（一九九九年七月）

読み書きで論理的に

最近、大学にいる友人と話をすると、必ず話題になるのが学力の低下だ。分数の計算ができない大学生という話は有名で、それはそれでその原因を突きとめ、解決しなければならない問題だと思うが、ここでとりあげたいのは、もう少し上のレベルの話だ。将来、研究者や教育者を中心に科学を専門とする職業人になることが期待される人、つまり科学技術創造立国を支える人のことである。

この場合にも、さまざまな問題点が指摘されているが、私が気になるのは、大学院の学生に英語の論文が読みこなせない人が増えたという話だ。海外旅行の機会は一昔前に比べればはるかに増えている。しかも最近は、インターネットが日常化しているので、英語という言葉への抵抗感は減っているはずだ。そこで何となく、英語の論文も、自分たちの学生のころよりは上手に読むのではないかと思ってしまうのだが、意外や意外ということで、先生方が悩んでいるらしい。

もう一つは、私が生物関係なので、その周囲の情報に限るわけだが、医学部など、本来、生物学を履修してきてよいはずの専攻の学生が、それをしていないという話だ。ジュニアコースの分子生物学を担当している友人が、先生の話はさっぱりわからない、と言われて頭を抱えていた。

そこで、高校での英語教育、理科教育、さらには入学試験のやり方が問題になっている。もちろん、それも考えなければいけないだろうが、問題はもっと根深いところにあるのではないかと思う。日本語、もう少し広く言うなら、言葉の理解不足だ。人間の最大の特徴は言葉をもつことであり、どこで生まれようと、言葉をきちんと身につけなければならない。日本の場合なら、基本の言葉はやはり日本語だろう。

科学を理解し、それについて考える場合も、日本であれば日本語を通して行なうわけで、論理的に日本語を解読し、日本語で考え、さらには自分で論理的な文章を書けることが基本だ。実は、この類の訓練が欠けているのではないかと思う。

英語についても、文法や読み書きばかり重視したために、一〇年間英語を勉強しても日常会話もできないということが強調されたあまり、論理的思考につながる訓練は、むしろ悪者にされてしまった。オーストラリアで何十年も暮らし、大学の先生をしている方が、日常会話に不自由はないけれど、まとまったことをきちんと話すには、書くという作業が不可欠であり、書くのは今でも難しい、と話していらした。

丸谷才一さんは、文学で意味のある仕事をするには、論理的思考をし、比較や分析をし、大胆な仮説を立てて論証していくことが大事だ、と言っていらっしゃる。つまり、文科も理科もないのだ。論理的に考える言葉をもっていれば、高校でＤＮＡなど習っていなくても、大学入学後に本気で勉強すれば、生物学の知識はすぐ身につくはずだと思う。まず読み書きをしっかり身につける教育をしないと、とんでもないことになりそうだ。

（一九九九年一二月）

人間を通して伝える科学

私が子どもだったころは、子どもたちの間に科学者への憧れがあった。図書室へ行けば「偉人伝」なるものが並んでいて、そのなかに必ず「野口英世」や「キュリー夫人」があり、先生のお勧めだったものだ。今から考えると、病原微生物の探索も放射性物質の発見も最先端の研究であり、子どもが科学者としての業績を理解するのは難しかったろうと思う。したがって、研究内容よりは、小さいころに火傷をして手が不自由になったとか、夫婦が協力して日夜がんばったとか、というところが頭に残ることになる。とはいえ、そのことが、科学研究は大変だけれど、人間にとって大事なことを行なう魅力的なものだという印象を残してくれた。

もちろん、今どき、科学はすばらしい、科学者はすごい人だ、というだけの単純な図式が成り立たないことはわかっており、「偉人伝」を復活しようなどという気はない。むしろ、大人になってからは、キュリー夫人はかなり多感な女性だったらしいという実録のほうに、はるかに魅力を感じるし、研究の競争にはドロドロした嫉妬や虚栄が絡んでいることも知った。だが、これらすべてを含めて、研究は人間の営みなのである。

ところが近年、研究が人間とともに語られることが少なくなった。研究が大型化し、プロジェクト型になりつつあるので、もはや個人の業績というより、お金持ちの国にいるほうが勝ち、という面が出ているからともいえよう。あまりにも専門化してしまい、一般の人の関心を呼ばなくなったという面もあろう。さらには、科学技術のもつマイナス面も指摘されるようになり、科学礼讃の時代は終わったということも影響しているかもしれない。

しかし、やはり科学は人間の営みであるからこそ意味があるのであり、マイナス面ももつ複雑な行為だからこそ、どんな人が、どんな考え方で研究を進めるかということが大事なのだ。そう考えて、生命誌研究館では「サイエンティスト・ライブラリー」をつくった。生物学分野だけなのだが、研究者にお気に入りのポートレートとともに自己紹介をしてもらった後で、行なっている研究を象徴する写真や図を一枚掲載している。そこにそれをめぐっての研究紹介やこれからの狙いを書いてもらうという構成になっている。

これをインターネットに乗せて、いつでも、どこからでも見られるようにしてある。月に平均五〇〇〇件ほどのアクセスがあり、見てくださった人の評判は良い。なかにはインタビューに答える音声を入れたものもあり、これは、よりおもしろいと評価されている。興味深いことは、登場した研究者が自らのことを語るのは楽しいと言ってくださることだ。しばしば、研究者は人間を出すことを好まないなどと言われるが、そんなことはなさそうだ。

小さな試みだが、人間を通して科学を伝えることには意味があると思っている。関心をおもちになった方は、「生命誌研究館」でホームページ http://brh.co.jp/s_library/（生命誌アーカイヴ）または http://brh.co.jp/s_library/interview/（サイエンティスト・ライブラリー）をのぞいていただきたい。

（二〇〇〇年三月）

高校生への期待

自分の体験からも、どんな職業をもつ大人になるかをボンヤリ考え始めるのは高校生くらいかなと思う。もちろん、子どものころから鉄道マニアとか、無類の虫好きとかで、これ以外、道はないという人もいる——事実、私の周囲でも見かける——だろうが、多くの場合、それほど明確な将来像は描けない。高校になると大学受験のこともあり、最低限、理系・文系の区別は必要になってくる。

そこで、未来の社会を考える一つの材料として、高校生の考えや望みを知ることも大事だと思い、ときどき、高校を訪れることにしている。最初のころは、何をどう伝えると受けとめてもらえるのかがわからず、体格では私をはるかに越える人たちが大部分の塊に圧倒されていた。しかし、体験を重ねるうちに、私が求めていることに共感してくれる仲間が意外に多いことに気づき、最近では、彼らとの接触が楽しくなった。

一例を挙げよう。医学部志望のある男子生徒は、父親が大学医学部におり、自分も医師になりたいと思っているのだが、「自分の聞きたいことばかりを患者に聞くのではなく、患者の話したいことが聞ける、精神面も含めて考えられる医者になりたい、と漠然とですが考えています。今日、話を聞いて、その思いが強くなりました」と言う。この場合、父親の指導が良いのだろう。こういう言葉を聞くと、本当にそうなってほしいと願う一方で、現在の医学教育や社会のシステムが、どこかで彼を潰してしまうのではないか、と心配になる。

また、文系へ進学するつもりだという生徒たちからの声も心強かった。「多様性と普遍性の話がとても新鮮でした。その視点から見ると、まったく新しい世界が見えてきます。いろいろな学問の区分も、多様性と普遍性に注目したら明確になってきました。これは文系の学問にも通用すると思うので、この視点から世界を見つめ直そうと思います」「法律を学びたいと思っていますが、生物も大変興味深いと思いました。これから自分で生物学を学ぶことはないでしょうが、生物学がこれからの社会にとって重要な学問であることがわかりました。DNAの研究やクローン技術が正しく使われる社会の秩序をつくるという点で役に立ちたいと思いました」。

その高校では文系志望の生徒は、化学を選択することになっており、生物学は勉強しないと聞いて、受験対策のためとはいえ残念なことだなあと思いながらも、生きものに対する感受性は十分あることがわかり、頼もしく感じた。

これは、生命誌を語った場合の反応だが、他の分野であっても、学問をきちんと語れば、きっと自分の生き方とそれとを結びつけて考えてくれるだろう。現実の学問の場や社会では、近年競争、競争の声が大きく、広い視野がもちにくかったり、人間性などとは言っていられない雰囲気がある。この若者たちの気持ちが生かされる学問と社会とをつくりたいと強く思った。（二〇〇〇年五月）

青梅が毒という知識？

バイオインダストリー協会が、バイオテクノロジーの理解を得るために、とくに女性を対象とした情報カードをつくるというので、少しお手伝いした。

とにかく、専門外の人は何を知らないのかがわからなければ伝える内容は決まらないので、企画者がかんたんな調査をしたところ、結果はこう出た。

バイオテクノロジーという言葉については、聞いたことがある（八六％）、イメージは良い（四四％）、内容は理解していない（九四％）となった。一方、遺伝子組換えは、聞いたことがある（一〇〇％）、イメージは悪い（八六％）、内容はわからない（九二％）とかなりイメージが悪い。これに、バイオテクノロジーと遺伝子組換えはまったく関連がない（九六％）、遺伝子組換えとクローン技術は同じである（七二％）、という答えが続く。回答者は、二〇代から五〇代の女性である。

この数字を見て、何をどう考えたらよいのか、しばしとまどった。どこからどうほぐしていったらよいのだろうという気持ちだ。これは、たまたま女性が対象だったというだけで、男性でも数字はそう変わらないだろう。専門家にとっては、遺伝子組換え技術はバイオテクノロジーの中心を占める技術であり、それとクローン技術とはまったく違うもので混じり合いようもない。だから、それを同じだと言われると、何をどう受けとめているのかがわからずとまどってしまうのだ。正確に伝えることの大切さを基本の基本から考えなければならないということである。

実はこのとき、もう一つショックを受ける体験をしたので、それも紹介する。遺伝子組換え食品の安全性に関する話の際に、もちろん安全性は重要だが、絶対安全という考え方で詰めていくとむりが出るという例として梅をとりあげた。梅は梅干しや梅酒として日常どこの家庭でも愛用しているが、青梅の時にはアミグダリンという物質を含み、これは体内で分解すると青酸の出る怖いモノである。だから単に物質の分析だけで安全性を語ったら、梅は食品として不適になってしまう。

これに対して、生物学に関する専門知識のない人間は、青梅は毒だなどということは知らないので、そんな例を挙げられても困るという反論が出た。確かにアミグダリンという物質名は知識である。しかし、青梅には気をつけなくてはいけないというのは、おばあさんやお母さんから伝えられる知恵だと思うのである。細かな知識は知らなくてすむことも少なくないが、生活の知恵はきちんと伝えられなければ困る。

なんだか、めんどうなことになったものだ。知恵のほうがきちんとしていたら、そこを出発点にバイオテクノロジーを解説する方法がある。知識の方がしっかりしていれば、そちらから入る方法もある。どちらもダメだと言われたら、どうすればよいのだろう。しかも、これは生きもののこと、つまり私たち自身を考えることであり、生活の基本を固めることだ。科学と社会などというのんびりした話ではなく、子ども時代の育ち方から始めて、社会のあり方を見直す必要があると思う。

（二〇〇〇年六月）

ワトソンならではの大学院

科学の話のなかでワトソンといえば、ほとんどの人がシャーロック・ホームズの相棒ではなく、F・クリックと一緒にDNAの二重らせん構造を発見したJ・D・ワトソンのことだとわかってくれるところまでは来ているだろう。

科学史に残る大発見をした人のなかにもその後特筆すべきこともなく一生を送る人もあるが、ワトソンは違う。むしろ、実験室での研究ではなく、科学に関する大事な場面で他の人にはできないことをやり続けているのである。まずは、『二重らせん』（江上不二夫・中村桂子訳、タイムライフインターナショナル、一九六八）というDNAの構造発見のときの記録はベストセラーでありロングセラーとなっている。あまりにも率直に書いたので、クリックをはじめ多くの関係者から文句が出て物議をかもしたりもしたが、科学が人間の行為であることを明確にし、以来科学者の伝記のありようを変えたといえる名著である。

次いで、分子生物学の教科書だ。二〇世紀の後半、急速に進展したこの分野をまず遺伝子、次に細胞を切り口にみごとにまとめた。この作業は現在、米国科学アカデミー総裁を務めるB・アルバーツに受け継がれている。このリレーもみごとだ。

とくに大事なのが、コールドスプリングハーバー研究所所長の役だ。米国東海岸の景勝地にあるこの研究所は、分子生物学の方向づけをしてきた所だ。バクテリアの遺伝に始まり、がん、免疫、ウイルス、脳などと、その時々の最先端のトピックスに関して世界中の研究者を集め、今何が明らかになっており、これからは何が大切かを議論し、多くの研究者を育ててきた。

ところで最近は、ワトソンといえばヒトゲノム計画を思い起こす方が多いだろう。当初は、ゲノム計画といっても、DNAの塩基配列分析技術も確立しておらず、三〇億もの塩基を分析するのはむりだ、というのが多くの研究者の本音だった。そんな計画は若い研究者を潰すと言われ、外からは、人間の全遺伝情報を明らかにするなんてとんでもない、という非難もあった。そんなとき、研究者の意見をまとめて議会と交渉し、年間二〇〇億円という予算でのヒトゲノム・プロジェクトを始めさせたのがワトソンだ。もっとも彼は、今でもゲノム研究が大事であるという意識はもちながらも、これが契機になってあまりにも技術寄りになり、政治的になってしまった現在の研究のあり方を、よしとしていないと私は見ている。最近、コールドスプリングハーバー研究所に独自の大学院をつくったことからもそれがわかる。

彼は言う。「製薬会社やバイオテクノロジー企業の研究も医学研究もさかんになるだろう。しかしわれわれはそれとは違い、まだまだ残っている『生物学』を進め、生命の理解という大事な研究をする」。それには独自の教育でそれに向いた若者を育てなければダメだと考えたにちがいない。技術ばかりに向いている生命科学の今の流れを見ていると、そう思うのは当然だし、やはりワトソンはワトソンだと思う。

（二〇〇〇年七月）

＊

三〇年以上、コールドスプリングハーバー研究所の所長を務めてきたＪ・Ｄ・ワトソンが、Watson School of Biological Science をつくった。いわゆる大学院、期間は四年で、プログラムは六つの狙いをもっている。

①四年で優秀な生物学者として必要な能力をすべてつけさせる、
②学問上のアドバイスと日常の研究の相談役の二人が徹底的なガイダンスをする、
③独自に、そして常に批判の目をもって生物学について考えられるようにする、
④広い教育をし、一見無関係の分野での発見が相互に関連していることに気づかせる、

⑤優れた研究体験をさせると同時に研究と並行して一生の間、勉強し続けることの重要性を認識させる、

⑥専門外の人ときちんと話し合える生物学者を育てる。

この狙いのもとに、才能があり、熱心な若者を集め、明確なカリキュラムを組んで教育すれば、必ず将来のリーダーが育っていくと自信満々だ。

具体的なカリキュラムを見よう。九月に入学すると、一二月までは実験はなく、オリエンテーションを受けたり、セミナーに参加する。次いで四月までは六週間ごとのローテーションで研究室を回らせるほか、DNAラーニングセンターで子どもたちを教えたり、トピックスを扱うコースに参加する。こうして、五月には指導教官を決め、六月に実施される試験に合格すれば、いよいよ、Ph. D.をめざしての研究に入ることになる。

この間、学習するコースは四種類ある。第一が必修コースで、①Scientific Reasoning and Logic ②Scientific Exposition and Ethics ③Research Topicsから成る。①は科学的な考え方の訓練である。②は話す、書くなどの表現する能力と、倫理問題に対処できる力をつけるものだ。③は研究所のメンバーが行なうセミナーに出席して、研究の実態にふれての勉強である。第二は、各年に選ばれた特別テーマのコースだ。ちなみに一九九九年には、生物情報学、転写調節——大腸菌から象まで、シナプスの可塑性のメカニズムと学習の三つで、私も聞いてみたいものばかりだ。第三はトピックスで、今年は免疫。外部から一〇人ほどの講師を呼んで一週間行なわれる。これも魅力的だ。最後は、

各人の研究テーマに即したレクチャーであり、これだけきちんと教育されたら一流の研究者への道が開かれるにちがいないとうらやましい。

第一期生は六人、そのうち半数は海外(アルゼンチン、トルコ、英国)から来ており、男女も半々だ。生物情報、がん、神経、植物、構造生物学と分野もさまざまで、すべてバランスが取れている。新しい大学院のカリキュラムを細かく紹介したのは、どうも日本での議論が独創性を育てるなどという抽象に終わっているのが気になっているからだ。何をどうやるかを明確に示そう。科学や教育に関する会議に参加したときに感じている不満解消にワトソンの名を借りた次第だ。

(二〇〇〇年八月)

純文学と基礎科学

『一冊の本』という雑誌での「文学とおカネ」という特集で行なわれていた純文学に関する論争の展開が興味深かった。議論があまりにも科学の場合に似ていたからだ。そのなかで、笙野頼子さんの考え方が、科学に対して日ごろ、私が考えていることと合致するので、勝手に引用させていただきながら、科学について考えてみたい。三点ほどある。

まず、お金との関係だ。笙野さんは、ある評論家の〝数千部の本など流通しているとはいえない〟という論文をふまえた純文学消滅論にふれ、その論の展開のいい加減さを突いている。これは社会の役に立たない身勝手な研究など許されないという、最近科学のなかでも目立ってきた考え方に通じる。

数千部しか売れない本に意味がないとは言えないことは私にもわかる。本は内容で価値が決まるものである。科学研究も役に立たないイコール身勝手なのではなく、それがどのような意図でなされるどんな内容のものかを見極めることが大事だ。けれども、その価値をだれが、どうやって判断するのかが難しい。売れるとか、役に立つという、目に見える基準でないもので判断しなければならないからだ。しかし……これこそが文化であり、その社会のもつ知や品格の総合と関わる。純文学や基礎科学が存在しにくい社会がつまらないことだけは、はっきりしていると思う。

二番目は、お金のことである。笙野さんは〝書くことと、生きることと、それで生活することとは、今の私にとって分離できません〟と言っている。そして、〝金は貰ってる、でも売文はしてない。私が売ってるのは私の「その時」です〟〝それで食っているからではなく、金をとっているからでもなく、金を払うしかないほど社会化に耐える仕事をする義務があるということです〟とも書く。基礎科学研究の社会との関係も、まさにこれと同じではないだろうか。ところでここで大事なのは、「社会とは、世間一般のことではありません。その値打ちがわかる人を経由して、世界とつながっているということです」という指摘だ。

これが三番目に続く。先日も、科学を伝えるときにだれに伝えるのかと問われて、〝わかってくれる人に〟と答え、顰蹙（ひんしゅく）をかったばかりだが、そうとしか言えない。子どもたちにとか、社会のあらゆる人に、などと答えれば、合格点をいただけるのかもしれないが、仕事のことを真剣に考えれば考えるほど、わかる人を経由して世界とつながるしかないし、これが最良のつながりだろう。

最後に、純文学についての自虐的な言に対して、〝純文学は自虐できる程偉くありません。もし、偉いというなら、現状の負けを引き受けてでも、文化の価値を残すために戦っているところが、数や権力の前に潔くハンディを背負って戦うというところが偉いのです〟という文もそのまま基礎科学にいただきたい。

（二〇〇〇年一〇月）

科学の足場、政治の足場

雨の日曜日。休日の日課にしている庭の草取りも、久しぶりに約束した友人とのテニスもできないので、積み上げてあった本のなかから朝永振一郎先生のエッセイ集を取り出した。ノーベル物理学賞を受賞なさったのだが、授賞式は怪我で欠席された。当時、少し仕事のお手伝いをしていたので、怪我の原因は、ほろ酔いでお風呂に入り、転んだためだと内緒で伺ったのを思いだす。ノーベル賞の歴史のなかでも、こんな方は他にはなかろう。

学問的鋭さと豊かな人間性を備えた先生は名文家でもあり、エッセイもおもしろいものがたくさんあるのだが、一九六五年に「科学と科学者」について書かれたもののさわりを紹介したい。

「近頃科学技術の振興が叫ばれており、そこでは役に立つという見方が主だが、人間には本能的に知的好奇心があり、その現れの一つが科学だということを理解してほしい。昔は知的好奇心だけで科学が進められたが、今はそうはいかない。研究が大規模になったこと、科学技術を通しての社会への影響が善い面だけではなくなったことの二つが主たる原因だ。こんな時こそ科学のための科学という閉じた世界でひとりよがりになってはいけないし、功利だけで考えてもいけない。科学のあり方をじっくり考えていく必要があり、これは科学者とそれ以外の人が一緒になって考えるべき課題だ」(朝永振一郎『科学と科学者』みすず書房、一九六八)

もちろん、本文ではもっと幅広い議論が展開されている。ここで、六五年に今とまったく同じことが課題であり、しかも代表的科学者がきちんと考えていらっしゃるのに何事も解決できていない(事態はより混迷していると言ったほうがよいかもしれない)のはなぜなのだろうと考えこんでしまう。

ここで、朝永先生の提案がある。科学と政治という異なる性格をもち、それぞれが複雑であるものを統合して答えを出そうと思ったら、二つの足場の違いをはっきり見極めることだ。それには両者を単純化して、それぞれのエッセンスを取り出してみるのがよかろうというのだ。この作業をやらずに二つの関係を論じると、議論はあいまいさ、あるいは混乱のなかに空転してしまう。

そこでイギリスの物理学者ブラッケットが冗談半分にだが「科学とは国の費用によって科学者の好奇心を満たすことである」と定義したのに感心したというのが朝永先生の言だ。虫のいい話のようだが、科学の本質はここだというところから出発し、好奇心にもいろいろあるので猫と同程度の好奇心で偉そうな顔はさせないというところを明確にすればいいというわけだ。日本は、数学を体系化せずに知的遊戯にしてしまった歴史があるが、これからは体系化した科学を社会に存在させなければならないという指摘もなさっている。

科学技術振興のかけ声のなか、科学の本質をもう一度深く考えてみないと、科学者にも、政治家にも、社会全体にも、よい結果にはならないという警告である。

（二〇〇〇年一一月）

ノーベル化学賞受賞に思う

白川英樹筑波大学名誉教授がノーベル化学賞を受賞なさった（二〇〇〇年）。大学での多忙な生活から解放され、好きな山登りと畑や園芸での植物との生活を楽しもうとしていたところに、大変なものが降ってきてしまったという雰囲気での受賞インタビューは、とても気持ちが良かった。科学を社会に浸透させ、理解を深めなければいけないということが大きなテーマになっているが、めんどうな知識の普及よりも、こういう人柄を通して人々は科学に対して親しみを感じ、関心を高めることになるのではないかと思う。

こんなことを言っては失礼かもしれないが、今回の受賞は親しみを感じるには最適の例だ。まず、成果がわかりやすい。本来は電気を通さないと思われていたプラスチックが薄い膜になって電気を通す性質（導電性）をもったことを見出し、その結果、今では携帯電話の電池など小型の電子部品が可能になったと言われれば、だれにもわかる（もちろん、細かな反応まで知ろうとすればそれなりの知識が必要だが）。第二に、この発見が研修中の研究者の実験ミスから生まれたということだ。触媒を一〇〇〇倍も入れてしまったと聞いて、なぜそんな間違いをしたのだろうと思ったが、説明を聞いて納得した。先生が実験指示に mmole（ミリモル）とお書きになったのが、ちょっと読みにくかったので mole（モル）、つまり一〇〇〇倍量入れたというわけだ。私の周囲の先生方がお書きになる文字を見ても、こういうことが起こりそうな例は少なくないので、いかにもありそうだと思う。

第三に共同研究だ。最近のノーベル賞は共同受賞が多いが、同じテーマの独立の研究をまとめて、というものがほとんどだ。しかし今回は、プラスチックの研究者である白川先生の論文を読んだアラン・マックデアミッド、アラン・ヒーゲルの両氏が共同研究を呼びかけ、三人の協力で実用性のある導電ポリマーが生まれたというものだ。米国の両博士は、有機物での導電性を研究していたが、決して高分子の専門家ではなかったわけで、少し異なる分野間の協力という点、共同研究のお手本だ。

しかも、久しぶりの日本人によるノーベル賞受賞ということで、意気ごんで、「先生の研究は最先端なんでしょうね」と聞くインタビュアーに「いやあ、どちらかといえば、時代遅れと言われながらやっていました」と、とぼけ気味にお答えになるのも良かった。最近はどうも科学といえば、最先端とか、どこどことの競争に勝ったとかいう形容が付かなければ高く評価されない傾向がある。

地道にコツコツやっているなかから出てくるおもしろいことを楽しむ雰囲気が消えつつあるように思うのだ。

そんなこんなで、ノーベル賞受賞者が雲の上の人ではなさそうで、研究を楽しみながら努力をしているとおもしろくて意味のある成果が上がるという科学の本質を見せてくださったのは、科学技術創造立国を唱える日本のこれからを考えるためにありがたい。

もう一つ、今回の受賞が化学であったことも良かったと思う。今は、人間、環境、生命、情報などという学部、学科が多く、若い人たちの関心も、そこに向いている。確かにそれらは大事だが、生きものもすべて化学物質でできており、生体内で起きているのは化学反応だ。情報といってもそれを送る機器の材料は化学から生まれる。基礎学問としての物理学、化学、それをふまえた生物学、地学という古くからある学問の重要性を改めて確認したい。

（二〇〇〇年一二月）

〈幕間〉人を豊かにする文化——現在の科学研究

ノーベル医学生理学賞の授賞が大隅良典（おおすみよしのり）・東京工業大学教授に決まった。競争心とはおよそ縁のない地道な研究スタイルを見てきたこともあって、お祝いの気持ちは格別である。そのうえで、この機会に現在の科学研究のありようを考えてみたい。

ノーベル賞受賞者は必ず基礎研究の重要性を指摘する。近年、研究者社会を競争や選択と集中という言葉が支配し、しかも、役に立つか、経済活動に貢献するかという判断で選択がなされている。その必要性は認めるが、これだけを求めると研究者社会は歪む。そこで、受賞者は、基礎研究の重要性を訴えるのである。けれどもこれが、賞を得るには基礎研究が大事だという流れをつくっているようにも見える。

そうではなかろう。研究は、芸術・スポーツなどと同じ基本的な社会活動である。賞があろうとなかろうと、社会を豊かにするものとして存在するもののはずである。たとえば生物学は、生きものには多様性こそ重要であること、現存の人間はすべて祖先を共有する一つの種であることなどを明らかにした。私たちのゲノム（DNA）にはうまくはたらかない部分が必ずあり、障害があってはならないとするとだれも存在できなくなることもわかった。これらはすべて差別は無意味であることを示している。

生物学ではあたりまえのこれらの事実を、みんなが知って暮らしてほしい。すぐに役に立つとかすばらしい賞を受賞するとかではなく、各人を豊かにする文化の一つとしての学問を大切にするのが本来の姿である。

ノーベル賞報道

ノーベル賞は、今、最も高く評価できる研究成果を教えてくれる。その選考は絶対のものではなく、すばらしい研究は他にもたくさんあるのはもちろんだが、とにかくその一つが示されるわけである。どこの国の、だれが受賞しようと、それは現在を生きる私たちに与えられた大事な知であり、それを知って自分を豊かにできる機会を手にしたのである。ところが、医学生理学賞の発表以来あらゆるメディアに「オートファジー」があふれたのに、物理学賞・化学賞は小さな報道で終わり、研究内容の説明はほとんどなかった。受賞者が日本人でないというただそれだけの理由で。ニュースの時間に、学者による日本人の受賞予測を流し、当たり、はずれをうんぬんするところまでいくと、行きすぎとしかいえない。物理学賞「トポロジカル相の理論化と発見」、化学賞は「分子でメカニカルな機構を模倣する基礎研究」とあり、これを見ただけでは素人にはサッパリわからない。しかし、少し調べると、ともに形のありように関わっており、とくに化学賞はおもしろい形の分子が登場して興味が湧く。これらの分野で活躍する日本人はいるはずで、ここはぜひ解説を伺いたいものだ。

秋は学びの季節でもある。みんなで頭の体操をして科学を身近なものにする機会にしたら、科学も喜ぶだろう。

科学は芸術やスポーツと同じ文化として存在するといっても、専門用語があってわかりにくい。私は、論文は楽譜であるととらえ、その演奏が必要と考えている。研究館はリサーチホール、科学のコンサートホールである。一流の音楽を一流の演奏でだれもが楽しむように、科学を楽しむ場である。研究成果をさまざまな形で美しく表現すると、そのなかで新しい発見もある。国威や経済のためだけにあるのではない、文化としての科学に目を向けよう。

（二〇一六年一〇月二一日）

第2部　いのち愛づる科学

細胞から見えてくる「生」と「性」——生命誌からのメッセージ

ものみな一つの細胞から

地球上には五〇〇〇万種類ともいわれる多種多様な生きものがいます。アリ、ゾウ、カエル、タコ、マツ、酵母類、大腸菌……。思いつくままにあげたのですが、大きさ、形、暮らし方など、なぜこれほど違うのかと思うほど多様です。このなかに、もちろんヒトもいます。ヒトとは生きものとして見たときの人間のことです。

ところで、現代生物学は、これほど多様な生きものすべてに共通性を発見しました。それは〝細胞でできている〟ということです。これに例外はありません。大腸菌や酵母はたった一個の細胞ですが、私たち人間は三七兆個もの細胞でできているというように数は違いますけれど。つまり「生きる」ことのできる基本単位が「細胞」なのです。

生きているってどういうことなのだろう。生きものって何？　だれもが問うことでありながら、だれにも答えられない問いです。けれども一方、だれもが生きものとそうでないものの区別はできます。子どもでも、人間そっくりにできていても人形は生きてはいないし、小さなアリは生きているとわかります。そこで生きものの特徴を見ていくと、それは細胞のもつ性質に帰します。細胞のもつ性質は次の四つにまとめられます。

1　膜に囲まれ内と外の区別がある。

2　増殖する。（自分と同じものをつくる）

3　代謝する。（外からものをとり入れ、それを自分の一部にし、排せつ物を出す）

4　変化する。（個のはじまりは受精卵という一個の細胞であり、これが腸、心臓、皮膚など、さまざまな細胞に変化して体ができる。また生きもの全体で見ると進化という変化がある）

こんなことができるものはほかにはありません。これが、生きものを特別なものにしています。このような細胞の特徴を出している物質がＤＮＡです。これまた例外なく、あらゆる細胞に基本物質として存在しますが、これほど多様な生きものをつくる細胞がすべて同じものを基本にしているのは、現存の生きものがすべて一つの細胞を始まりとしているからだろう……現代生物学はこう考えています（巻頭カラー口絵の「生命誌絵巻」を参照）。

三八億年ほど前に海のなかで生まれた一つの細胞。これがどのようにして生まれたかは、まだわかっていませんが、ここから現在の生きものすべてが生まれたといえるのです。つまり地球上の生

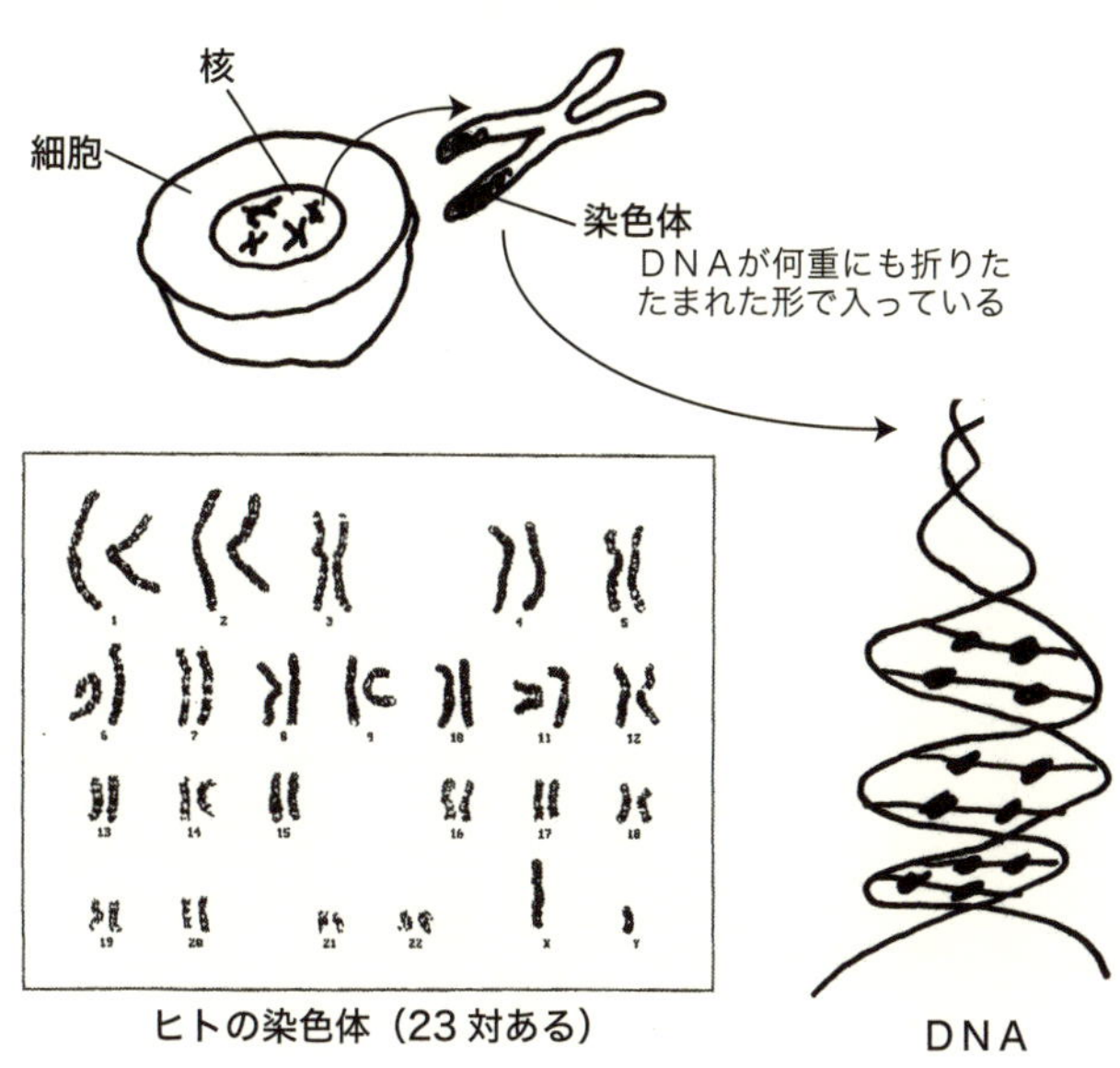

ヒトの染色体（23 対ある）

きものはみな仲間であると考えることが、現代生物学の基本です。

たった一つの細胞から始まる生きものの歴史

「生命誌絵巻」（巻頭のカラー口絵を参照）の扇の天を眺めてください。多様な生きものたちがいます。これらすべてが、三八億年前に生まれた細胞が次々と変化して生まれてきた仲間なのです。しかも、その一つ一つの生きものは、その個体が生まれるときには、たった一個の細胞、受精卵から始まります。一つ一つの個体が、生命の起源のときと同じように必ず一個の細胞から始まる。ネコはちょっと要領よく途中から始めるなどということはありません。ヒトはこんなに進化した存在なのだから、どこか巧みに他とは違うやり方でできるということもありません。手抜きはないのです。一つの個体は、どれも始めからていねいにつくりあげられる。なぜ生きものはこんなめんどうなことをするのだろうと思うことがあります。でもそれだからこそ、一つ一つの個体がみんなと仲間でありながら、それぞれ独自のものとして存在するのです。

「ものみな一つの細胞から」。これこそ生きものの基本であり、ここに生きものの生きものである秘密がある。最近あらためて、このことの意味の深さを考えています。

生命誌とは？——真核細胞と「性」の誕生

生きものを知ろうとしたら、一つの細胞からこれほど多様になってきた生きものの歴史、一つの個体が一つの細胞から生まれてくる発生や成長の過程、そしてあらゆる生きものがつながっているという関係を知らなければなりません。つまり歴史と関係を知ることが大事であると考えて始めたのが「生命誌（Biohistory）」です。

ところで、三八億年もの歴史と関係を知るには、現存の生きものの細胞内にあるDNA（ゲノム）を調べます。そこに歴史と関係が書きこまれているからです。あなたの細胞のDNAは両親の卵子と精子からきたものです。両親のDNAはそのまた両親からきたというように過去をさかのぼっていけば、生命の起源まで戻ります。つまり、あなたのDNAには三八億年の歴史が入っているのです。すべての生きものにある三八億年の歴史と関係、これを読みとっていったら、生きものの姿が見えてくるだろうと思うのです。

この歴史のなかで、重要な事柄がいくつかありました。最初はもちろん生命の起源です。次は二〇億年ほど前、真核細胞という私たち人間をつくっている細胞――核があり、そのなかに染色体という形でDNAがしまいこまれている細胞――の誕生です。それ以前の二〇億年ほどは原核細胞という、現在のバクテリアなど、いわゆる単細胞生物の細胞でした。真核細胞になって初めて多細胞生物が生まれます。ここで細胞に役割分担が生まれ、生きものの形も大きさも多様になりました。つまり、ここから私たち人間へ向けての進化が始まり、また「性」が生きものの歴史に登場してくるわけです。

「性」がつくりだす「多様性」、そして「死」

細胞の役割分担のなかで最も基本となるのが、生殖細胞と体細胞の分離です。この二つはまったく異なる性質をもちます。個体の始まりは受精、つまり生殖細胞二つの合体で、そこから新しい体細胞ができ個体として生きていきます。そのなかでまた生殖細胞が生まれ、それは次の個体へと続いていく。お気づきになりましたか？　生殖細胞に注目すれば、ずっと続いていることに。そうなのです。細胞の基本的性質は続いていくことであり――だから生きものは三八億年も続いたのです――、生殖細胞はその役目を担います。一方、体細胞は体をつくり、体はそれぞれ寿命があります。

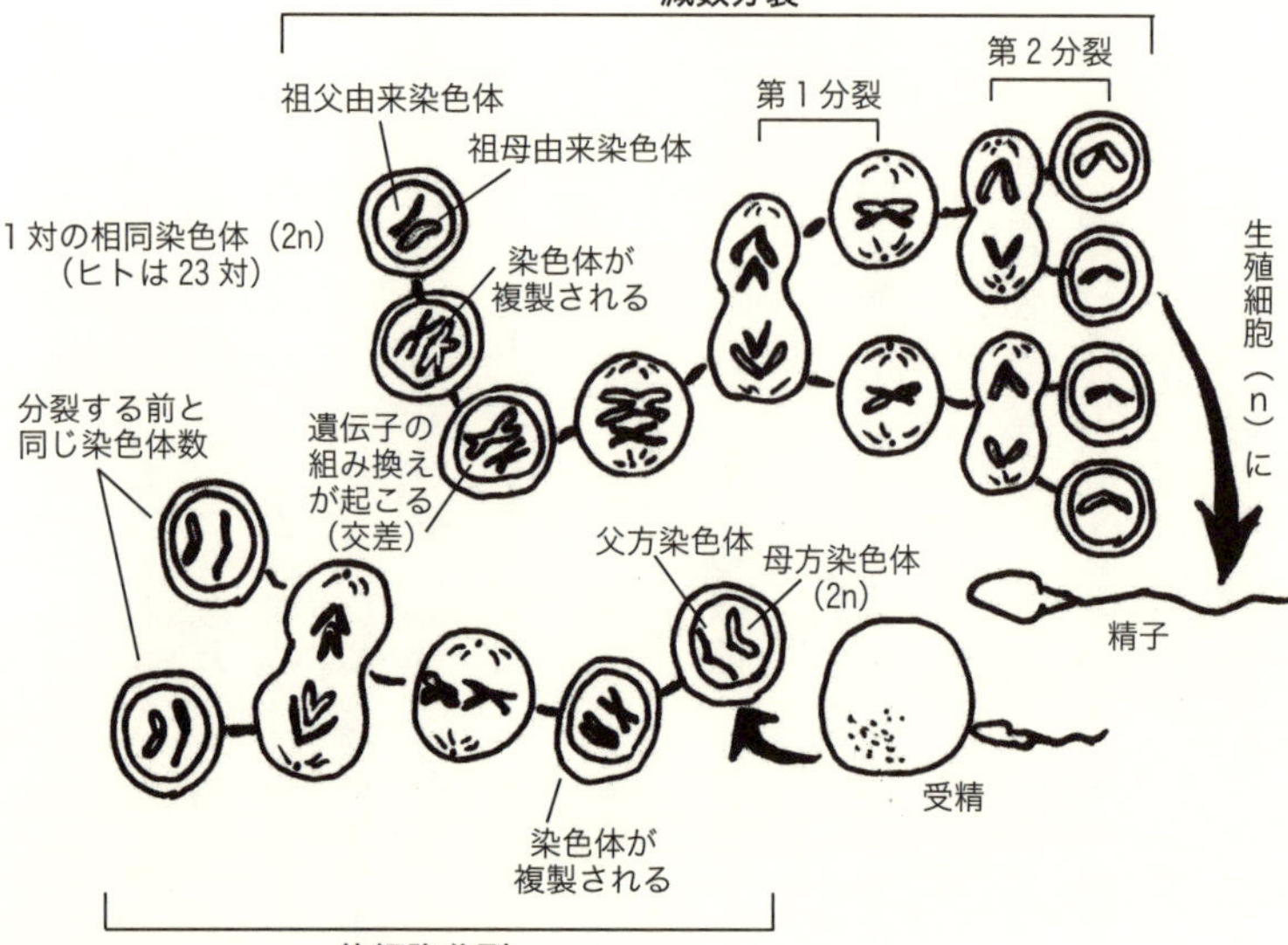

減数分裂と受精

つまり「死」があるのです。

バクテリアのような単細胞の場合、それ自体が生殖細胞ともいえるわけですから、続くという性質をもっています。原則的には死なない生き方をしているのです。一方、「性」をもった生きものの個体は死にます。

なぜこういうことになったのかはわかりませんが、一つ言えることは「性」が生まれることによって、そこで生まれてくる個体は「唯一無二」、つまりオンリーワンのものになれるということです。多細胞生物になって、形や大きさもさまざま、多様な生きものを生みだすことになり、しかも「性」による組み合わせによって多様性だけでなく、個性ある個体を生みだせることになったという事実の意味の大きさを深く心にとめたいと思います。

とくに一つしかない個性をもつ個体というところに注目して、個人としてもそれを生かして生きること、社会もそれを生かせるようなものにしていくことが、生きものを大切にすることなのです。

「ただ一つ」という生き方を楽しむのが生きものらしい生き方

生命誌――生きものの歴史と関係のなかに「性」をおくと、まさにSMAPの歌「世界に一つだけの花」のように、ただ一つの私を生きるという素直な受けとめ方ができることを述べてきました。

しかし、現代社会は生きものをこのようには見ていません。科学技術文明のなかでは、生きものも機械のように見て、思いどおりにつくろう、効率よく動かそう、壊れたら部品を取り換えようと考えます。日常、だれでも「子どもをつくる」といいますから、つい思いどおりにしたくなります。細胞一個だってつくれないのですから思いどおりになどなるはずはないのに。金髪の子にしたいと思ってそうならなかったら……機械なら捨ててしまえばすみますが、まさか人間を捨てるわけにはいかないでしょう。せっかく、一つ一つ違うものが生まれるようになっているのに、クローン人間をつくろうなどという人もでてきかねません。確かに羊や牛でクローンがつくられましたが、最近の研究で、哺乳類の場合、DNAは一度生殖細胞を通ることが不可欠らしいことがわかってきました。卵子から来たか、精子から来たかによって、はたらき方の異なる遺伝子があるのです。生きものとしてでなく産業製品としての家畜と見るならクローンも可能ですが、人間の場合それは考えられません。わかってもいないのに思いどおりにしようとは思わずに、「ただ一つ」を楽しむのが生きものらしい生き方ということです。

DNAは「設計図」ではなく「レシピ」

科学が人間も含めて生きものを機械として見るようになったのは、一七世紀に生まれた科学が自然を数字でとらえ、分析で理解しようとする学問だったところから始まります。そこでDNA（ゲノム）を設計図と見ることになりました。実はゲノムは設計図ではありません。あえてたとえを使うなら、お料理のレシピでしょうか。

カレーは、肉とたまねぎとカレー粉を基本としていますが、塩やコショウをどのくらい入れるか、どんなふうに煮こむかによって違う味になります。カレーのレシピでクリームシチューはできないけれど、さまざまなカレーができますし、決まったレシピでつくっても日によって少しずつ違うものになります。設計図にしたがってつくる機械とは違います。生きものはカレーに近いのです。

「性」を通して豊かな生命観をもつ

DNAと聞いた途端に、それですべてが決まっていると思いこむ人が増えているのが気になります。しかも決めているのが「私の遺伝子」と思い、これをぜひ残さなければならないと意地になるのです。前述したように、細胞には、つまりそのなかにあるＤＮＡには、続いていくという性質がありますから、生きものを見ていると「自分の遺伝子」を残そうとしているように見えます。けれども生命誌を知り、ＤＮＡがすべての生物に共通にあることを知った私たちは、私と同じ遺伝子は、庭にいる小鳥のなかにも、すみれの花のなかにもあるのだ。生きものがこの世にある限り、私はそれらとつながっていくのだと考えられます。

そうでありながら、私は私として存在する一方、たとえ私の子どもであっても私とまったく同じ存在ではありません。このように大きな空間のなか、長い時間のなかに自分をおくと、「私」の存在する意味がはっきりしてきます。

「性」をこのような生命観への入り口としてとらえ、そこから性教育ができればすばらしい。生命誌の立場からはそう思います。

「虫愛づる姫君」は日本の女性科学者——絵本『いのち愛づる姫』

細胞って？

平安時代に著された短編集『堤中納言物語』に「虫愛づる姫君」というお話があります。その物語から生まれた絵本『いのち愛づる姫』（山崎陽子さん、堀文子さんとの共著、藤原書店、二〇〇七）のお姫さまは、「細胞」と聞いて、「財宝？」とお聞きになりました。財宝も決して悪くありません。でも昨今、これに目がくらんではいないでしょうか。実はこの絵本のなかでは、バクテリアが「財宝」よりはるかに魅力的なのが「細胞」だと言います。私もまったくそのとおりと思っています。生きものにとってはお金よりいのちのほうが大切ですし、「生きる」が基本であって、お金はたまたま人間が便宜上使いはじめた道具でしかないでしょう。

そこで「生きている」とはどういうことだろうと考えてみます。最近は、生きものについて語るときに、ＤＮＡ、ゲノム、遺伝子、さらにはタンパク質、糖など、さまざまな言葉が登場します。とくにＤＮＡや遺伝子は人気があり、愛や戦争まですべてこれで語ろうとする傾向も見られます。

確かにＤＮＡは、おもしろい物質です。調べれば調べるほど、生きものの特徴が見えてきて興味深いものです。でもＤＮＡは物質であり、それが遺伝子としてはたらくには、細胞という場がなければなりません。ＤＮＡやタンパク質があるだけでは、「生きている」という状態にはなりません。ここがとても大事なところです。生きている最小単位は細胞です。だから、たった一個であっても、細胞であるバクテリアはれっきとした生きものであり、大活躍をします。

細胞を分析すると、ＤＮＡ、ＲＮＡ、タンパク質、糖、脂肪など、おなじみの物質でできているのがわかります。それらはまた、炭素、ちっ素、酸素、水素、リンなど、おなじみの元素でできており、「いのちの素」のような特別なものがあるわけではありません。ですから、物質の世界と生命の世界はつながったと考えることもできます。

けれども、細胞を構成している物質が全部揃っても、現代科学の方法で、細胞をつくることはできません。「細胞は細胞からしか生まれない」のです。でも、たった一度だけ、太古の海――化石などの証拠から三八億年ほど前だろうとされているのですが――で、一個の原始細胞が誕生したことは確かです。これがなければ、今地球で暮らす生きものたちはどれも生まれてこなかったでしょう。もちろん私たちもです。別の言葉で表現するなら、地球上の生きものはすべて、この細胞から生まれた仲間だということです。

生きものはみな同じ仲間

ここで、ちょっとお断りです。「たった一度だけ一個の細胞が生まれた」といっているのは、象徴的な表現です。おそらく細胞ができたのはたった一度ではないでしょう。ある条件が整えば、最もかんたんな細胞（最も大事な性質は自分自身を複製できるということ）はできるのではないかと考えられます。実は、今も海底に、高温高圧でエネルギーの元になるイオウなどが存在する、太古の海に近い場所があります。もしかしたら、そのような場所で原始的な細胞が生まれているかもしれません。

でも、それが数億年もの時間をかけて変化していく様子を見ることはできませんし、すでに生きものたちがいますから、食べられてしまったり、暮らしにくかったりと、ここで新しい生命の誕生を見るのは難しいでしょう。最初に生まれた細胞が一個だったかどうかも、わかりません。生命誕生の条件下では同じようなものがいくつも生まれたでしょう。でも現存の生物たちの細胞を見ると、すべての生物の細胞は同じところからきているとしか考えられないので、まさに象徴的に「一個の細胞から」といってよいと思います。とにかく地球上の生きもののすべてが親類であることは、確かなのです。

生きもののことを考えるとき、私が大切にしている「ものみな一つの細胞から」という言葉には、地球上に細胞が誕生した過程、私たち人間も含めて生きものはみなその細胞から生まれた仲間だということ、さらには私たち一人一人の存在の背景には三八億年という長い歴史があることなど、生きもののもつ豊かな広がりに思いを致す気持ちがこめられています。

ところで、もう一つ、「ものみな一つの細胞から」という言葉にこめたことがあります。私たち一人一人の始まりは「受精卵」であり、これも一つの細胞です。一つといってもとてもふしぎな細胞で、卵子と精子という二つの細胞が融合してできた細胞なのです。

通常、細胞と細胞が融合することはありません。心臓をつくっている細胞たちが混ざりあったら、しっかりした形は保てません。ましてや、心臓の細胞と肺の細胞が融合したら、体のなかはゴチャゴチャです。つまり細胞は、細胞としてしっかり個を確立しているものなのですが、とても興味深いことに、生殖細胞だけはなぜか融合するのです。いえ、融合しなかったら意味がありません。こうして生じた一つの細胞、「受精卵」からだけ、生きものは始まります。

人間の大人の体は数十兆個もの細胞からできているといわれていますが、それらはすべて受精卵という一つの細胞が分裂してできたものです。もちろん人間だけでなく、イヌもネコもトリもカエルも、一つの細胞から生まれてきます。新しい個体は、それぞれきちんと一個の細胞から始まります。ずるをして途中から、などという生きものは一つもありません。キツネもタヌキも、みな一個の細胞からです。このように、生物全体を見わたしたときには大昔にできた一個の細胞から生まれていますし、一つの個体も一個の細胞から生まれます。つまり「ものみな一つの細胞から」なのです。一個の受精卵を必ず新しく生じさせることによって、それまでになかった新しい個体が生まれることが大事なのです。多細胞生物はこうして、ていねいに、ていねいに一つずつの個体、かけがえのないたった一つの個体を生みだしています。手抜きをせずに。私たちのだれもがこうして生まれてきたのです。長い長い歴史を背負っていること、このようにていねいに生まれるのだということを考えたら、ていねいに生きないではいられません。

「蟲愛(むし)づる姫君」との出会い

これまで述べてきた細胞に関する事実を明らかにしたのは、現代生物学です。一七世紀の半ば、コルクを顕微鏡で見たR・フックは、それが小部屋（cell）からできているのを見つけました。それは死んだ細胞だったのです。生きている細胞が観察され、そのはたらきが調べられるようになったのは、一九世紀後半になってからのことです。最初に述べたような、細胞内でのDNAやタンパク質などの分子のはたらきがわかってきたのは、二〇世紀後半、つい最近のことです。これらの研究の始まりは、どれもヨーロッパやアメリカにありました。日本はそれを取り入れるばかりだ。科学についてはいつもそう言われてきました。確かに、それは認めざるをえない事実です。
そんななかで、あるとき、ある物語に出会いました。一一世紀、『源氏物語』とほぼ同じ時期に書かれたとされている短編集『堤中納言物語』のなかの「蟲愛づる姫君」です。比較的よく読まれているものなので、ご存知の方も多いと思いますが、あらすじはこうです。

平安の都に住む大納言の姫君は、小さな虫を小箱に入れ、「これが成らむさまを見む」「烏毛虫の心深きさましたるこそ、心にくけれ」と言ってかわいがります。「人びとの、花、蝶やと愛づるこそ、はかなくあやしけれ。人は、まことあり。本地尋ねたるこそ、心ばへをかしけれ」。

「本地尋ねたる」は、仏教用語で「本質を問う」という意味だそうです。日本の物語のなかでこの言葉が用いられたのは、これが初めてと言われています。毛虫が育っていくのをよく観察して本質を見ようというわけです。

侍女など周囲の人は、「そんな汚いものを」と逃げまわりますし、両親は、「これではお嫁に行けないのではないか」と心配します。けれどもこのお姫さまは動じず、みなに問いかけます。「毛虫をじっと見ていると、あなた方が美しいという蝶になるのです。あなた方は、花や蝶を美しいというけれど、それらははかないものでしょう。生きる本質は毛虫のほうにあり、時間をかけて見ているととても愛しくなる。これがわからないの」と。

「愛づる」は、美しいから愛するとか、自分の好みのままに好きになるという愛ではなく、時間をかけて本質を見いだしたときに生まれる愛であり、知的な面があります。philosophy は「哲学」

とされましたが、そのまま訳せば「愛知」です。このときのphilo-がまさに「愛づる」でしょう。なんとすばらしい言葉であり、内容ではありませんか。

卵から幼虫へ、さらに成虫へと育つ変化を追うのは、現代でいうなら発生生物学です。しかも見かけにとらわれず本質を知ろうとするのですから、まさに科学者そのものです。ヨーロッパで近代科学が誕生したのは一七世紀ですから、それより六〇〇年も前に、科学の精神をもったお姫さまが日本にいらしたというのは、なんともうれしいことです。

それにもう一つ、このお姫さま、「人は、すべて、つくろう所あるはわろし」と言って、当時上流階級の子女には当然とされていた、眉を抜いたり、お歯黒をつけたりということをしないのです。現代の言葉を使うなら、自然志向です。あるがままをよしとし、小さな生きものが懸命に生きる姿を見つめ、それを「愛づる」ことは、生きものを知る基本でしょう。

ところで、現代科学は、ガリレオ、デカルト以来、生きものも含めて、自然を数式で書かれているととらえ、機械として解明していくことによって進歩してきました。生命科学は生きものを機械とみなし、その構造と機能を解明すれば生きものがわかる、としています。しかし、三八億年前に生まれ、これまで続いてきた生きものは、歴史の産物、つまり時間をつむぎ、物語を語り継いできたものなのです。生きもののなかにある歴史を読みとり、生きていることを全体として、過程としてとらえていかなければ、「生きている」ことを知ることはできません。このように考えている「生命誌」の原点は、まさにこのお姫さまにあります。

機械論的世界観で、生きものも機械のように分析してきた科学のもつ問題点の一つは、生きものが生まれてくること、それが生きることをみつめて愛しく思う心を失っていることではないでしょうか。研究のデータは客観的なものでなければなりません。けれどもそれは、生きものを愛づる気持ちを捨てることを意味しません。むしろ生きものが何を教えてくれるか、その語る言葉に謙虚に耳をかたむけるとき、よい研究が進められるといってよいでしょう。

ここで興味深いのは、「蟲(むし)愛づる姫君」が、侍女や両親から心配されながらも愛されていることです。愛づる者は自らも「愛づる」の対象になる。こうしてよい人間関係が生まれ、よい社会がつくられるのです。

「ものみな一つの細胞から」。この言葉のもつ意味はこのように、あらゆるもののつながりを示します。それと同時に、一つの細胞から、これほど多様なものが生まれてきたという事実に対する驚きもまた、この言葉のなかにはあります。長い時間をかけてさまざまなものが生まれてきたこと、その一つとして私たち人間もあるのだという認識です。ここからは謙虚に生きものに向き合う気持ちが生まれます。

さまざまな生きものたち

そこで「蟲愛づる姫君」を主人公にした生命誌の物語がつくりたくなり、山崎陽子さんに書いていただいたのが『いのち愛づる姫』です。バクテリアに始まりカイメンやクラゲと進化を続ける生きものたちが次々登場します。

現生人類がこの世に登場してから二〇万年足らずです。ヒトという生きものが生まれてからの六〇〇万年、生命誕生からの三八億年のなかではなんとも短い時間です。この長い時間に、獲得されたさまざまな性質の結果、私たちが生まれてきたのであり、この時間を他の生きものと共有しているという認識をもつことが大事です。生きものの本質を知ろうとしているお姫さまに生命誌のお話をして、その歴史のなかで節目になった事柄、その代表選手が、この物語には登場しています。『いのち愛づる姫』の登場人物の項で紹介しましたが、もう一度、とくに私たちとの関係について述べておきましょう。

まず、バクテリア。とにかくこの世に一個の細胞が生まれなければ、何も始まりません。その証拠のような存在、おそらく最初の細胞に最も近い姿と思われます。

でも、誤解しないでください。バクテリアは起源が古いだけで、今も古いままでいるわけではありません。みごとな進化をしています。バクテリアの進化は、なるべくスリムに、余分なものはもたずにという方向に向かっています。細胞の中にあるDNA（ゲノム）の様子を見ても、とてもムダが少ないのです。この点では、私たちにも真似のできない、すばらしい能力をもっていると感心させられます。

次に生まれたのが、真核細胞。これは一個の細胞とはいえ、すでに複雑なシステムといってもよいでしょう。すでに紹介したように、やや大きめの細胞の中に、酸素呼吸でエネルギーを効率よく生産する細胞が入りこみ、ミトコンドリアという小器官になりました。共生です。入った細胞にしてみれば、他の細胞の中は、暮らしやすい場所ですし、入られた細胞にとっては、エネルギーをつくってくれるなんてありがたい、ということだったのでしょう。ついでに葉緑体をもつ細胞を共生させる細胞もでき、それが植物になりました。植物は太陽の光と二酸化炭素と水とからデンプンをつくり、動物を支えてくれています。

とにかく、真核細胞が生まれたことが、その後の多細胞化につながり、現存の大型生物につながったのです。生きものの歴史のなかで最も大きなできごとは何かと考えたとき、起源を除けば、真核細胞の出現だと思います。この細胞ができたときに、ヒト誕生までの可能性が生まれたといってよいからです。ミドリムシには、その代表選手として登場してもらいました。

ボルボックス、カイメンは、まさに真核細胞の能力である多細胞化への道を示す生物です。でも、この時期には、神経系はありませんし、筋肉もありません。神経や筋肉が生まれてくるのはクラゲの仲間（刺胞動物門）からです。ただ、おもしろいことに、神経や筋肉ではたらいている遺伝子は、それ以前から存在していたことがわかっています。よく「〇〇の遺伝子」といわれます。時には「愛の遺伝子」などとも。けれども遺伝子は、あるタンパク質をつくるという能力しかありません。つくられたタンパク質をどのように使うかは、遺伝子の仕事ではないのです。一つのタンパク質が、脳のなかで「考える」という作業を行なうときに使われることもあれば、腸のなかではたらくこともあるのです。つまり、今脳の中ではたらいている遺伝子は、脳のためにつくられたのではなく、ある遺伝子のつくるタンパク質がはたらいているうちに、脳で考えるという作業にも関わるようになった、というのがあたっています。

遺伝子って?

遺伝子については、「○○の遺伝子」という言い方はないといってよいでしょう。そうです。「私の遺伝子」という言い方もおかしい。あるタンパク質をつくる遺伝子は私のなかにもあなたのなかにもある、それどころか、カイメンのなかにもバクテリアのなかにもあるのです。遺伝子を見るときは、みなで共有している、普遍的なもの。ゲノムとして全体になったときに初めて、ヒトゲノムとか私のゲノムという言い方ができるのです。みなと共有していながら、自分独自のものを生みだすところにゲノムのおもしろさがあります。

私たち人間は、脊椎(せきつい)動物。つまり体内に骨格のある仲間であり、魚から両生類(カエルなど)、爬虫(はちゅう)類(恐竜、イモリなど)、鳥類、哺乳(ほにゅう)類と新しい形や暮らしをする生物として生まれてきました。一方の仲間は、昆虫を中心とする節足動物。こちらは外骨格と呼ばれ、外側に硬い殻があるためにあまり大きくはならず、その代わり、その多様化には目を見張るものがあります。チョウはこちらの仲間です。多様化という点では、昆虫が最も繁栄しているといってもよいでしょう。

とにかくこのようにして見てくると、それぞれの生きもののもつ能力に驚き、人間が特別だとか、人間が一番だとかいう気持ちは消えていくのではないでしょうか。仲間の一つとして生きていこうという気持ちになってくださったでしょうか。

さて、仲間の一つとしての私たち人間は、とても大きな脳と、自由な手と、言葉とをもつという特徴のために、文化・文明という他の生きものにはないものをもちました。バクテリアについて研究をしたり、飛脚みたいだね、といって舞台に登場させたりするのは、私たちが人間だからできることです。生きものの仲間たちみなが、それらしく生き生きと暮らしているのを見てうれしくなる気持ちも、人間であるがゆえにもてるものです。

私たちに与えられた能力はすばらしい。でも人間は、自分たちの欲望のために勝手なこともします。ミュージカル「いのち愛づる姫」で、ミドリムシともカイメンともお近づきになった私たちは、彼らの生き方もすばらしいとわかったので、彼らが生きにくいような状況をつくることはできなくなりました。もうあまり勝手なことはできませんね。

実は、最後にお詫びをしなければならない仲間がいます。キノコたち、菌類です。生物の世界は大きく五つに分けられています。バクテリア、原生生物（ミドリムシなど）、菌類（キノコなど）、動物、植物と。このミュージカルには、キノコたちに登場してもらえませんでした。シダと一緒に登場してもらおうかな、とも考えましたが、胞子になってお休みしていた、ということにしました。というのもこの仲間は胞子をつくり、冬の間のような条件の悪いときにはその形で待機しているからです。とても生きる力にたけた仲間です。またいつか、キノコ大活躍の物語も生まれるかもしれません。楽しみにしていてください。

科学の言葉はめんどうで近づきにくいものです。しかも、最先端科学として局部的な知識が流されることが多いので、本当に大事なことが何であるかはわかりにくくなっています。基本の基本を、日常の言葉で楽しく語れないだろうか。

このことは、私の仕事のなかで、常に大切にしているテーマです。

今、科学は変わりつつある——高校生への語りかけ

「科学」と聞くと、科学者という特別な人が行なっている特別のことと考えてしまいがちです。しかも、コンピュータなどの新技術を次々と生みだす宝の山に見えたり、核実験につながる悪の根源に見えたり、一体その本質は何なのか見えてこない、というのが実感でしょう。

ここでは、そもそも科学とは何かというところから、自分自身の問題として科学を考えてみましょう。

なんでも「なぜ?」と聞いたころ

子どものころ、なんでも「なぜ?」と聞いて、「うるさいわねえ」と叱られたり、「なんて好奇心旺盛なの。将来が楽しみだわ」と喜ばれたりしませんでしたか。「人間とは、なぜと問う動物である」

といってもよいかもしれません。しかも、私たちの周囲はわからないことで満ちています。そもそも〝人間〟という存在が謎です。〝私ってなあに？　なぜ私はここにいるの？〟という問いは、人類誕生以来問われてきたのではないでしょうか。

問いへの答えの出し方

小さい子どもは、〝なぜ〟と大人に聞けばなんとか答えてもらえますが、いつまでもそれではすみません。しかも、〝私はなに？〟という問いのように、すぐに答えの出ないものもたくさんあります。そこで、〝自分で考える〟ことが必要になります。「科学」は、この自分で考える方法の一つです。

それがどんな方法かを知るために、かんたんに科学の歴史を追ってみましょう。

疑問への答えの求め方には、大きく分けて二つの方法があります。一つは、基本を求めて問いをつきつめて考える方法、もう一つは、周囲のもの、たとえば生物や鉱物などを観察していく方法です。前者を自然哲学（Natural Philosophy）、後者を自然誌（Natural History）と呼びます。ギリシャで生まれたこのような学問が、中世にはキリスト教と結びつき、神が創造した秩序を理解しようとするスコラ学という体系になり、大学で教えられていました。そこでは、考えを文献で勉強するのが学問でした。

ところが、一六世紀にコペルニクスの提唱した地動説以来、自分で自然を観察し、それを基本に深く考えると新しい発見があるという考え方が出てきました。自然哲学と自然誌が結びついたといってもよいでしょう。これが「科学」です。

これは、ガリレオからニュートンへと続きます。ニュートンが一七世紀に出した「万有引力の法則」は、地球上でリンゴが落ちるのも、天空で星が動くのもみな同じ力のはたらきであることを示しました。まさに本質を知る作業です。しかもそれは、人の教えを鵜呑みにしていたのではわからない自分自身の観測や実験で導き出すものです。そこで、ニュートンは科学者と呼んでよいと思いますが、ここで注意しておかなければならないのは、彼は宇宙は神様が創造したもの、だからこそこんなみごとな法則が成立し、秩序立っているのだと考えていたことです。現代のように科学と宗教は分離していなかったのです。

ニュートンより少し前、哲学者デカルトが「機械論」を唱えました。人間を心と身体に分け（このように二分して考えることを二元論と言います）、身体は機械として理解できると言ったのです。ここから、すべてのものは部品に分解し、そのはたらきとして知ることができるという還元論も生まれます。

こうして科学は、キリスト教から離れて、自然界を物質でできた機械のように見て、その部品である物質に還元して理解する方法として確立し発展します。この世をつくっている基本物質はなにか、基本法則はなにか。物質の世界では素粒子、生きものの世界では遺伝子としてのＤＮＡの発見により、機械論・還元論は力を得ました。

このようにしてできあがった科学のもう一つの力は、単に物事を理解するだけでなく、その成果を技術に応用できることです。こうして、私たちの社会は、科学技術社会になり、便利で豊かな生活が可能になりました。

本当にこの答えの出し方だけでよいのか

すばらしい科学！　確かにそういってよいでしょう。科学は、なぜという問いに対して着実に答えを積み重ねてきたのですから。私の専門の生命科学でいうなら、みんなもよく知っているメンデル、ダーウィン、パスツールなど大勢の人々の研究成果をもとに、今では、「地球上の全生物はＤＮＡを遺伝子としている。だから三八億年ほど前の海の中で生まれた細胞を祖先とする仲間にちがいない」ということが明らかになりました。こうして私たちは、人間と他の生物との関係を知ることができますし、ＤＮＡを活用してバイオテクノロジーという新しい技術を開発することもできます。この技術で作物の品種改良も新薬の製造もできますから、農業も医療も発展するでしょう。

もし科学なしで、ただなぜ、なぜとだけ問うていたとしたらどうだったろうと考えれば、科学の重要性はよくわかるはずです。しかし、今君たちの心のなかに大きな反撥心が起きているだろうと思います。自分が科学者だからよいことばかり言って、何がすばらしい科学だ。原爆はよいのか。

医療だって、機械で検査ばっかりして、最後まで機械に囲まれて死んでいくような人間味の欠けたものでよいのか。オゾンホールがまたまた大きくなったというじゃないか。森林も破壊されているし。科学が生みだした科学技術社会なんて人間にとって少しも幸せとは思えない。――言いたいことはたくさんあるでしょう。

そのとおり。私もそう思います。なにごとにも、すべてよいものなどありません。いつも物事の全体を見なければなりません。ここまでに述べてきたように、これまでの歴史のなかでの科学のもつ価値は認めたうえで（ここが大切です。全否定しては新しいものは生まれません）、このままの形で進んでいってよいのかと考える必要があります。

生命科学を例に次の段階へ向けての私の試みを書きますので、参考にして、あとは自分で考えてください。

多様な自然ができた過程を見よう

科学の有効性は、普遍性を求め、分析という方法で還元的にものを見ていくことでした。そして、生きものについてはＤＮＡという生物を支える基本物質を探し出しました。生物の基本はみな同じなのです。これは、とても大事なことです。そうはいっても、人間は人間だし、イヌはイヌですね。この多様性がわからなければ、生物がわかったとはいえないでしょう。ＤＮＡ研究が、生物はみな同じということしかいえないのだとしたら、そこで行きづまってしまいます。

そこで気づいたのが「ゲノム」です。ゲノムは、ある生物の細胞核内にあるＤＮＡすべてをさします。人間の細胞はヒトゲノム、イヌならイヌゲノムをもっているわけです。ＤＮＡを遺伝子にまで還元してしまわずに、細胞内のＤＮＡの総体であるゲノムを単位にすれば、生物の多様性が見えてくるのです。しかも、私たちが日常目にするのは人間でありイヌであって、遺伝子ではありません。こうしてＤＮＡ研究を生かしながらも、単なる還元論でない見方が生まれます。

ところで、ゲノムはどのようにしてできてきたのでしょうか。あなたの体も細胞でできており、そのなかにあなたのゲノムがあるわけですが、それは両親から受け継いだものです。では、両親のゲノムはどこから来たのでしょう。このように問うていくと、人類の祖先にまで戻ります。では人類の祖先はどうだろうと考えると、霊長類の祖先に、さらに哺乳類の祖先にとさかのぼり、ついには三八億年前の生命の起源に到達します。

逆にいうと、ゲノムを調べれば、ヒトがどのようにしてヒトになってきたか、イヌはどのようにしてイヌになってきたかがわかるということです。それに、ヒトとイヌの関係もわかります。私はこのような学問を「生命誌（Biohistory）」と名づけて、その活動を始めています。

これは生物だけではありません。宇宙も地球も、そこにどのような法則があるかだけでなく、どのようにしてできてきたかという研究が進んでいます。これこそ本当の自然の理解につながるでしょう。

科学と他の学問、社会との関係

科学は今、真の自然理解へと向かい始めています。これまでの科学は充分に自然を理解しないままに、部分的知識を利用して技術を発展させたために、本当に人間にとってよい技術を生みだし損ねてきました。

その証拠に、環境、人口、食糧、医療、教育などの分野で、自然界の一員である生きものとしての人間がどう生きるべきかを見誤ったための問題が起きています。たとえ、どんなに便利でも、環境を破壊したり、生きものに具合の悪いものは使わないようにしよう。そのような選択をするには、もっと人間自身を含めた自然を知らなければなりません。そこから本当に人間らしい技術を生みだすことが今後期待されることですし、今その方向への歩みは始まりつつあります。みなさんがこのような活動に参加してくれることを期待しています。

最初に述べたように、私たちの問いは、〝なぜ〟から始まりました。それを考え続けている活動として、哲学、文学、芸術などがあります。そして今、単なる機械論での還元・分析にとどまるのでなく、総合的な視野と歴史的な方法とを手にした科学（この言葉にはあまりにも普遍・還元の色がついているので、私は新しい分野を「生命誌」としたのですが）は、このような多くの分野から、新しい生命観、自然観を創りだすものとして注目されています。今最も必要なことは、この作業でしょう。

こうして豊かな〝観〟をもち、生きることの意味を充分に考えている人々の暮らす社会をつくっていきましょう。安易に解答を求め、中途半端な知識を使うことの恐さは、歴史が示しています。オウム真理教が起こしたさまざまな事件もその一例です。

子どものころの〝なぜ〟と問う気持ちを忘れずに、深く考える人になり、知の一つとしての科学にも関心をもち、みんなが納得して暮らせる社会づくりをする。二一世紀に向けてその必要性を強く感じます。

いのちをつなぐ——子どもたちへの思い

いのちをつなぐ——少子化・生殖医療の現代から

生命誌は、三八億年のいのちのつながりを考えるのですが、それは一つ一つの個体が、それぞれの一生を送り、次の世代へと自分のいのちをつなぐという、小さなできごとの積み重ねです。もっと具体的に言うなら、だれもがその始まりは小さな卵であり、そこから生まれてくる小さないのちの一つ一つが思いきり生きることでこそ、いのちはつながっていくのです。

生命誌のなかで、「生きものってなあに?」と問われたら「続こうとしているもの」という答えは必ずあげられます。地球上に最初に生まれたバクテリアたち原核生物は、自分自身が分裂して続いていったのですが、真核生物になってからは、性が誕生し、自身の個体は老いて死ぬことになりました。でも、子どもという形で次へと続きますので、続くという本質は失なわれていません。ですから生きものとしての子どもの大切さは改めて言うまでもありません。ただし、ここでの子どもに「私の」はつきません。

最近は、少子化が問題になる一方で生殖医療が驚くほど進み、かなりの時間と経費をかけての出産が増えています。いのちについてよく考えるという生命誌の視点からは、少子化、生殖医療のどちらにも問題があります。少子化の原因となる子どもに思いをいたさない生き方は、生きものという視点を欠いていることになります。もちろん、一人一人の生き方は自由であり、子どもをもたないという選択を個別に非難するつもりはありません。しかし、人々が生きものとして生き生き暮らす社会であれば、そこではおのずといのちをつないでいくという発想が生まれるだろうと思うのです。子どもをもたない、またはもてないと思う人が多い社会のありようには問題があると思います。

一方、生殖医療を用いて、どんなに苦労をしてでも「自分の子ども」をもちたいという考え方は、あまりにも小さなことにこだわりすぎていることになるのではないでしょうか。生きものたちの生殖行動を見ていると、自分のDNAを渡すことを求めているように思える場合が多いのは確かです。しかし、DNAについて研究を進めた人間としての判断をするなら、自分のDNAへのこだわりから自由になれるはずです。遺伝子には「私の遺伝子」などというものはなく、それはすべての人、ときにはすべての生物に共有であることは明らかだからです。

さまざまな遺伝子の組み合わせで一つの個体のもつDNAの総体、つまりゲノムが決まり、このときできあがる組み合わせはまさに唯一無二なのですから、生まれてくるのは独自の個体です。しかしそれを構成しているＤＮＡには私のＤＮＡと呼べるものはありません。もちろんこれは大きな見方をしたときの答えではありますが、二一世紀を生きるにあたっては、ゲノムをすべての人をつなぐものとして受けとめ、小さなことにこだわらないほうがよい。生命誌からはそう見えます。

つまり、すべての人、時にはすべての生きものをつなぐ存在として、一つ一つの個体があり、それが唯一無二の存在として思う存分生きる社会が、現代の最新の知と生きものの本質を生かす人間のありようだと思うのです。

もちろん、胎児にとっての環境としての母体は重要ですし、そこでの絆の研究も進んでいます。胎教と呼ばれてきたことの実態がわかってきています。ですからお腹を痛めて産んだ子どもへの愛情や、子どもとともに日々を楽しむ家族のありようは大切です。それは前提としたうえで、〝子どもなどいなくてもよい〟でもなく、〝私の子ども〟にこだわりすぎるのでもない社会が、生きものでありながら、そのなかでの人間としての独自性を生かした生き方になるのではないかと思っています。

「生命誌」という科学をふまえながら新しい生きものの見方をしようとする挑戦のなかには、狭い学問分野にとどまらず、社会のなかでの生き方も変えたいという気持ちがあるものですから、「子ども」という、個人にとっても社会にとっても大切な存在を、このように位置づけることによって、生きやすい社会に近づけないだろうかと考えるのです。

子どもの発見と教育

子どもは可愛い。子ネコも子イヌもなぜかみんな可愛く、眺めているだけで頬がゆるみます。詩人のまど・みちおさんは、「こんなにかわいくてならなく思える目を人間がもたされている」と書いていますが、本当にそのとおりです。続いていくことの大切さがこの可愛さをつくり出しているのだろう。なんでも生命誌につなげる私の目は、そんなふうに子どもたちを見ています。

ところで、子イヌや子ネコはあっというまに独立していきますが、人間だけは「子ども時代」という独特の期間があります。Ph・アリエスが、『〈子供〉の誕生』（原著一九六〇、杉山光信・杉山恵美子訳、みすず書房、一九八〇）を著して、人間の「子ども時代」の重要性を指摘し、子どもは大人の小型ではないことが発見されました。中世までは子どもを小さな働き手とみる社会でしたから、この指摘はとても重要です。

ここから子どもにとって大切なものとして「教育」が浮かびあがります。日本では早期から初等教育が大切にされ、それが社会の発展を支えてきました。教育は常に社会の重要課題とされてきました。しかし、現在行なわれている教育が本当に「子ども時代」にふさわしいかどうかは疑問です。子どもをそのまま働かせたり、大人の小型と見ることはなくても、将来、科学技術開発に基づく経済成長を求めて働く大人をつくるための教育になっているのではないでしょうか。子どもが「子ども時代」を充分に生きることの大切さを改めて考えたいと思います。

子どもはやはり魅力的

子どもについて考えるのは難しいので、長い間それと正面から向き合うことを避けてきましたが、河合隼雄先生に「科学技術時代の子どもたち」について考えてみるようにと求められ、初めて子どもを意識した本を書きました。タイトルはそのまま、『科学技術時代の子どもたち』（岩波書店、一九九七）です。何をどのように書いたらよいのか、ずいぶん悩みながら書いたのですが、ふしぎなことに、できあがったら、とても好きな本になりました。その後、日常接している子どもたちを意識して書いた『「子ども力」を信じて、伸ばす』（三笠書房、二〇〇九）と『子どもだって哲学①いのちってなんだろう』（共著、佼成出版社、二〇〇七）も自分の気持ちが素直に出ました。子どもはやはり魅力的です。

子どもについて系統的に研究をしたわけではありませんので、日常の思いにすぎませんが、これらの本に書いたこと、そこで感じたことをいくつか並べてみます。

子どもは知りたがり

チンパンジーの学習を研究している松沢哲郎さんが、彼らは学ぶのが大好きだけれど、教えることは決してしない、と話してくださいました。ここから大事なことが二つ見えてきます。一つは人間だけが教育をするのですから、人間としての生き方を身につけるうえで必要なことを適確に伝え、考える人、よく生きる人を育てることこそが教育だということです。もう一つは、基本の基本に戻れば子どもたちは生きものとして「学ぶ力」をもっているはずであり、それを充分生かせるように、内なる力を引き出すのが教育であるという原点を大事にすることです。

小学校四年生の国語の教科書に「体を守る仕組み」というタイトルで免疫について書きました。理科では、免疫は難しいとされ、高校でも教えません。しかし、体の外から入ってくる見えない病原体から身を守ることは日常であり、そこに目を向けることは大事です。そこで血液のなかの白血球が活躍して病原体とたたかう様子を、あなたの体のなかで起きていることとして語ると、子どもたちは自分のこととして受けとめてわかってくれます。先生から、「国語の授業に科学雑誌『ニュートン』をもちこんで得意気に説明する子もいます」という手紙をいただきました。知識をつめこもうと考え、最先端の科学研究が子どもにわかるわけがないと決めつけてしまう教育の場は、子どもがもつ能力を引き出せていないと感じます。もっと子どもの力を信じて、チンパンジーとも続いている「学ぶの大好き」な気持ちを生かしたいと思うのです。

そんななかで、「生命誌」をそのまま子どもと語り合いたいという気持ちが強くなってきました。福音館に『たくさんのふしぎ』という月刊の科学絵本があります。創始者である松居直さんが、それまでの日本の絵本に欠けていた「科学」をシリーズでつくろうと、一九八〇年代に始められたものです。ちょうど私が「生命誌」の芽を見つけようと模索をしていた時期と重なります。そのとき松居さんが「たくさんのふしぎ」という言葉で「科学」に求められたものは、私が「生命誌」に求めていたものと同じだったことが、その後の対談（『言葉の力　人間の力』共著、佼成出版社、二〇一二）でわかりました。分野が違うのに同じものを探ったということは、おそらくそういう時代だったのだと思います。幸い『たくさんのふしぎ』の一つとして、絵本づくりを専門とする編集の方たちの協力を得て、初めての絵本をつくることができました。松岡達英さんのすばらしい画の力で、私の思いが広がり深まっていくのを感じるすばらしい体験でした。『いのちのひろがり』（福音館書店、二〇一七）です。五月になるとわが家の台所に必ず現れるアリから始まり、地球上のすべての生きものへと広がっていく物語です。私も子どもになり、三八億年という長い時間をかけて生まれてきたさまざまな生きものを楽しみました。

あるとき、この本を使って、お話をしました。「海で最初に生まれた多細胞生物はカイメンです。そこから進化をして、クラゲなどさまざまな生きものが生まれたのですが、そこで地球が凍るという事件が起きました。たくさんの生きものが死に、地球はこれからどうなるだろうと思わせたところで、幸い地球が暖かくなってきました。カンブリア紀です。すると、次々とこれまでにないさまざまな形の生きものが生まれたのです。カンブリア大爆発です。なかでもアノマロカリスは大きくてしかも眼があるので獲物を追いかけました。」ここまで話したら一番前にいた幼稚園生が、「その目はぼくのと同じように見えたの？」と真剣な顔で聞いてきました。大人からこんな質問が出たことはありません。アノマロカリスの眼は複眼、つまり今の昆虫と同じタイプで人間の眼とは違うことがわかっています。「トンボと同じような眼だったので、トンボみたいに見ていたんだと思う」。この程度の答えしかできません。

でも、アノマロカリスを、太古の海にいる奇妙な形の生きものとして、つまり遠い存在としてとらえるのでなく「どんなふうに見えたのかな」と思うことがすばらしい。ここから、眼の進化についての問い、さらにはさまざまな生きもののさまざまな眼のことなど考える材料をたくさん引き出せます。大人は知識があるために、カンブリア紀か、五億年も前の話だなと考えてしまい、自分のなかで具体化できません。子どもに教えるのでなく、一緒に考える場をもつことで、広がりのある新しい視点をもてることに気づかされました。

遊ぶ・学ぶ・はたらく

チンパンジーから続く——ということは三八億年の歴史とも続くということです。そこで培われた学ぶ力を生かすにはどのようにしたらよいか。答えはやはり「自然に学ぶ」だと思います。『科学技術時代の子どもたち』では、子どもそのものは変わっていないのに、科学技術がその時代に合った教育を求めるために本来の「子ども時代」を奪っていることを書きました。そこで、「子ども時代」をもっている例としてA・リンドグレーンの『やかまし村の子どもたち』(大塚勇三訳、岩波書店、一九九三)をとりあげ、彼らと現代の子どもとの暮らしを比較しました。

村の生活を見ていると、小学校四年生、つまり一〇歳くらいまでの子どもは、その子の時間を大切にし、急かせないことを大事にしているのがわかります。そこで最も大切なのは家族を中心にした地域での人間関係です。子どもたちはお手伝いも大好き、そこでは遊ぶこと、学ぶこと、はたらくことが一体化しています。この三つは生活の基本要素であり、子どもも大人もこの一体化が重要ですが、現代の大人の世界では決してこのバランスがよくありません。それが子どもの世界にも反映しているのです。

「やかまし村」で印象的な一つのエピソードは、ある年入学することになったのに教室でじっと坐っていられないラッセが先生に次のように言われるところです。「学校へ来る前に、もう少し遊んでおく必要があるようね。来年いらっしゃい」。この言葉の背後にはたくさんの事柄があります。現在の日本ではこのような判断はあり得ないでしょう。生きものとしての時間と関係を基本にして、その子に合った学びは何かという判断があってよいのではないでしょうか。

自然から学ぶ――農業高校との出会い

よい学びのある状況をつくる基本は「自然に学ぶ」ことにあると考えるようになったきっかけは、農業高校との出会いでした。農業高校の生徒たちの自主活動である農業クラブの研究発表全国大会に招かれ、その活動内容を知ったときから、たった一人の農業高校応援団をつくり、勝手に応援団長をしています。農業クラブの活動は、日々の生活そのものでありながら、新しいことへの挑戦になっているのが魅力です。夏休みも学校へ行って、ウシやブタの世話をする生徒たちは明るく、それを見守る先生たちは、農業の、そして人生の先輩として尊敬されています。

おじいさんのぶどう栽培を楽にしてあげたいとの一心で品種改良に取り組む男子生徒、お父さんのつくるお米がもっと活用されるようにと米粉パンを美味しくする工夫を重ねる女生徒など、生き生きしています。残念ながら、農業は衰退産業とみなされ、農業高校は偏差値の低い生徒が通う学校であって、志望者が減っているという上っ面の判断で、農業高校が実質削られているのは間違った選択だと思います（そもそも偏差値って何なのだろうという問いがありますし）。

農業高校を愛する気持ちの延長上で、福島県喜多方市の小学校農業科も応援しています。この学校の特徴は、年間の時間割のなかに農業が入っていることです。行事として田植えをしたり、稲刈りを体験したりという形とは異なり、年間一三時間ではありますが、一年中農業を考えるシステムになっているところが特徴です。「種をまく」という作業は、数カ月先の未来を想定し、そこでよりよい収穫をするために計画的に行動することを求めます。まさに生きものの時間を実感します。詳細は省きますが、これ以上の教育はありません。「生きる力」が身につき、人間としてみごとな育ち方をしていく現実があります。

このように教育としては農業の力が最高ですが、都会でも子どもたちのまわりにある自然に学ぶ場を生かすことはできるはずです。人工のなかに閉じこめず、子どもが、学ぶ、遊ぶ、はたらくを一体化させた生活ができるように工夫することが、私たちの未来を拓く最も大事な方策だと思います。

〈幕間〉「永遠平和」を考える——猛暑の夏休みに読書を

夏休みの季節だ。猛暑の続く夏、働きすぎはいけない。海や山へ出かけたり、リオデジャネイロでのオリンピックを観戦したりとそれぞれ楽しい計画をおもちのことと思う。そのなかで、ときには読書はいかがだろう。あまり厚いものは暑苦しいので、一〇〇ページほどの小さな本をお勧めしたい。イマヌエル・カント著『永遠平和のために』(池内紀訳、集英社、二〇一五)である。

難しくないカント

考えることは嫌いではないのだがどうも難しい言葉が苦手なので、哲学書に親しんでいるとはいえない。科学を専門とする以上、理性について考えることは大事と思ってカントの『純粋理性批判』を開いたのだが、読み切れなかった。以来カントという名前は頭のなかで難しい哲学者というところに分類され、近づかずにきた。おそらく私と同じ思いの方は少なくないだろう。

「でもこの本は違うのです。ちょっと開いてみてください」。それが今回のお勧めである。最初の数ページに藤原新也氏らの写真入りで、大事な言葉があげられている。訳者（池内紀氏）がわかりやすい言葉にしてくださっているのがありがたい。

不自然だからこそ

「平和というのは、すべての敵意が終わった状態をさしている」「殺したり、殺されたりするための用に人をあてるのは、人間を単なる機械あるいは道具として他人（国家）の手にゆだねることであって、人格にもとづく人間性の権利と一致しない」「永遠平和は空虚な理念ではなく、われわれに課せられた使命である」

どの言葉も直接胸にぶつかってくる。そこに「隣り合った人々が平和に暮らしているのは、人間にとってじつは『自然な状態』ではない。戦争状態、つまり敵意がむき出しというのではないが、いつも敵意で脅かされているのが『自然な状態』である。だからこそ平和状態を根づかせなくてはならない」と出てくる。だからこそ、だからこそなのである。

本書が書かれたのは一七九五年、つまり二二〇年も前である。カントはこのとき七一歳。長い間人間について考え続けてきた哲学者が、最後にやむにやまれず語ったのが「平和」であったことの意味を考えたい。

時代も国も異なるので、具体的な事柄には古くなっている部分があるし、カントの言葉だからといってすべてぅのみにするものでもない。「永遠平和」と言い切る思いを大切にしながら、今の社会を自分の言葉で考えてみることが大事なのである。そして、平和など絵空事、現実は武力での問題解決しかないとしたり顔で言い、またふるまう愚かさにだけは陥らないようにしたい。

地上の闇を照らす

訳者は解説する。カントの生きた時代、ヨーロッパは戦争続きで、そんな世の中に業を煮やしたのだろうが、それだけではない。純粋理性、実践理性、判断力について哲学的考察を続けてきたカントが、啓蒙は頭脳の闇だけでなく地上の闇にも応用されるべきだと考えて、「戦争と平和」について考えたのだと。だからこの平和論はカントにしか語れないものだとも。学者はこういう仕事をしなければいけない。地上の闇におもねったりするのはとんでもないことだ。「いかなる国も、よその国の体制や政治に武力でもって干渉してはならない」。米大統領がこう考えていたらイラク戦争はなかった。

いのちを大切にするというあたりまえのことを無視した事件が続くが、そのすべての陰にある闇を見つめなければ、行くべき道は見えない。考え続けた人が到達したところである平和を意識して。

（二〇一六年八月一二日）

第3部　生命科学から生命誌へ

生命科学から生命誌の誕生へ

——遺伝子からゲノムへの移行で見えてくるもの——

日本の「生命科学」誕生——江上不二夫先生のこと

一九七一年、私が三五歳のときに三菱化成生命科学研究所が創設され、入所しました。「生命科学」というコンセプトを生みだされたのは、大学院時代の恩師である江上不二夫先生です。当時、「生命科学」と言われても、実はよく理解できませんでした。私だけでなく周囲の人のだれもわからなかったと思います。そもそも「生命」と「科学」は相性の悪い言葉です。生命という言葉は哲学や宗教で用いられ、抽象的です。一方、科学は具体的な対象をもちます。生物科学ならわかるけれど、「生命」と言われるととまどいます。けれども、江上先生のコンセプトは明確で、今になると「生命」とおっしゃった意味がよくわかります。先見の明とはこういうことを言うのでしょう。

まず一つは、「これまでの生物学は、植物学、動物学、微生物学などと生きものの種類ごとに分けたり、遺伝学、発生学と現象で分けたりして、細分化し、しかもお互い無関係だった。今やDNA、細胞というすべての生きものに共通の切り口で〝生命とは何か〟が問えるのだから、生物学全体が協同してそれを問おう」というものでした。「生命」についての総合的学問を創ろうということです。

二つ目が、「生物学を基盤に人間を考える学問」です。生物学は、本来人間を研究対象にはしません。人間は、人類学や医学、心理学で研究する。生物学は人間以外の生物が対象でした。ところが、「生命科学」になると、DNAを基本におきますから、生きものとしてのヒトが入ります。多様な生きものの一つとしての人間を考える新しい視点です。

三つ目は、それまでの科学を広げる発想です。当時、水俣病や四日市ぜんそくなどいわゆる「公害」が問題になっていました。「環境問題」です。科学技術を進展させ、大量生産・大量消費型の社会こそ人々を幸せにすると信じてきた人々に、それによって環境を破壊したり人間の健康を害したりするという問題点がつきつけられたのです。このままではいけないという危機意識が生まれ、科学・科学技術を否定する動きも出てきました。それに対して、物理的な科学でなく生命科学を基盤におくことによって科学を否定せずに生きもののいのちを大切にする社会への転換ができるという考え方です。一九七一年の段階でのこの発想はすごいことだったと、今、つくづく思います。

水俣病や四日市ぜんそくが起きているという事実は明らかでしたから「生命科学」に解決の道を求めるのは重要なことでした。水俣病の原因は、工場から廃水として海に流した有機水銀です。当時は、だれもが水俣湾、不知火海も太平洋まで続いているのだから、流した水銀は薄まり、住民に害を及ぼすことはないと考えていました。つまり、海は大量の水とみなされていたのです。しかし海は単なる〝水の集まり〟ではなく、生きものの棲む場です。そこで、食物連鎖によって、プランクトンから魚へ、魚から人間へと水銀が濃縮されていきました。生物学の目で技術を見ることをしなかった。それを考えようともしなかったと言ったほうがよい社会でした。

現在の技術は物理学を基本にしているので、海を水としか考えていない。生物学は役に立つ学問ではないと思われてきたけれど、生命科学は技術につながる。これからは、生物に目を向けた科学技術を創ろう。これが一九七〇年に江上先生がおっしゃったことです。

新しい挑戦です。世界の動きの中でも生命科学の発想は優れていました。詳細を述べる余裕がありませんが、日本の自然とそこに生まれた文化がその背景にあると思います。

シリーズ『生命科学』

三菱化成生命科学研究所を江上先生が構想されていたとき、私は出産を機に家に入り、先生の指導で本を書いたり翻訳や科学映画のお手伝いなどをしながらのんびり暮らしていました。

ところが、ある日、先生から新しい研究所で新しい仕事を始めないかというお声がかかったのです。とにかく先生のお考えを伺おうと、五歳と二歳の子どもを連れて研究室に行きました。子どもたちと話されていた先生は「これなら、もう大丈夫」と笑いながらおっしゃいました。話してくださった「生命科学」のコンセプトがすばらしく、魅力的でしたので、思いきって参加を決めました。

私の担当は「社会生命科学」というまったく新しい部門でした。生物学を基本に人間も含めた生命を中心に据えた学問を創る仕事です。人間を通して自然科学だけでなく人文科学にもつなげる、つまり生命あるものの総体を見つめる学問です。

科学者は哲学者や思想家と違って、考えるにあたり、具体的な根拠を求めます。生命科学の場合、それは細胞やDNAです。社会生命科学という部門で先生のコンセプトを具体化するという役割はわかりましたが、何をどうしたらよいか、まったく思いつきません。そこで先生に教えを乞うたところ「ぼくだってわからないのよ。自分で考えなさい」とおっしゃるのです。困りました。

実は、わからないとおっしゃりながらも優れた研究者に学ぶことが大事と教えてくださり、さまざまな分野の現状と生命への思いを伺い、お知恵を借りることを示唆してくださいました。そこで、連続シンポジウムを開催しました。その企画に平凡社の立石巖(いわお)さんが関心をもってくださり、その記録を『シリーズ生命科学』として発刊してくださったのです。シンポジウムは「生命科学と物理科学」に始まり、五年ほどかけて一一回行ないました。[*]

*各巻のタイトルと出版年は以下のとおり。①物理学者のみた生命(一九七一)、②人間の生命を考える(一九七二)、③技術からの生体評価(一九七二)、④情報が結ぶ生命と機械(一九七二)、⑤生命科学をどう理解するか(一九七三)、⑥環境と生命の調和(一九七三)、⑦科学と社会を結ぶには(一

九七四）、⑧生命の歴史をたどる（一九七四）、⑨生命科学と医学・医療（一九七五）、⑩発生生物学の展望（一九七七）、⑪生命の起原と地球・宇宙（一九七七）。

この生命科学シリーズは、五〇年近くたったいま読み直しても、考えさせられることが書いてあります。当時、最高の先生方にお願いしたパネルディスカッションで、毎回、四人ほど参加いただきましたから、先生の数は五〇人ほどになりました。それ以後何かにつけて教えを乞うことができ、先生方との関わりが私の何よりの財産となったのです。

生命科学について考えを進めているなかで「生命の科学」という発想は以前にもあったことを立石さんから教えられました。平凡社の書庫に入れていただくと、H・G・ウェルズの『生命の科学』というシリーズがズラッと並んでいるではありませんか。ウェルズは、人間の歴史を見わたす『世界史概観』（上下、長谷部文雄・阿部知二訳、岩波新書、一九六六）で私たち人間を時間のなかでとらえる大きな仕事をしました。それを終えたときに気づいたのが、人間がこの世に登場する以前からの生命の歴史があるということだったのです。ご子息が生物学者であったことも幸いして、著名な生物学者ジュリアン・ハックスレーの力を借りて三人で著したのが『生命の科学』です。一九二九年のことであり、ダーウィンの進化論、メンデルの遺伝学、パスツールの微生物学などを紹介するとともに地質の変遷と生物の関係、人類の進化などにもふれている、その総合的視点に驚きました。もっとも自然科学は時代による変遷が激しいので、内容は現在役に立つものではありません。けれども「生命科学」を手探りで始めようとしていたとき、このような総合的視点に出会ったのは大きな意味がありました。しかも興味深いのは、発刊の翌年に日本語訳が出版されていることです。

平凡社との関わりでもう一つ新しい出会いがありました。生命科学研究所が誕生した一九七一年、『南方熊楠全集』（全一〇巻・別巻二）の刊行が始まったのです。シンポジウムを進めている間に並行して刊行される本の内容を詳読する余裕はありませんでしたが、これにも生命をめぐる大きな視点を感じ、関心をもち続ける対象になりました。この関心は、後に生命科学から生命誌への展開をすることにつながり、社会学者鶴見和子さんとの出会い、「南方マンダラ」との出会いなど、私の活動が豊かさをもつ原動力の一つとなりました。平凡社の図書室へ連れて行ってくださった立石巖さんとのご縁からのつながりです。

総合的な学問としての生命科学――時間をとりいれる

生命科学は分子生物学から始まっています。ここで生命科学とは何かを考えていくことは、H・G・ウェルズの『生命の科学』現代版を考えることだと思いました。DNAを基本におきますから、遺伝学、細胞生物学、個体をつくる発生生物学、脳科学などを通して、まず生きものの個体について考えます。実は江上先生は、「生命の起源」に強い興味を抱いていらっしゃいました。当時はまだこれを学問として進めるのは難しかったのですが、そこから進化、さらには地球と生物の関わりも関心の対象でした。それらを総合すると、分子生物学では考えていなかった「時間」というテーマが浮かびあがります。地球が生まれ、そこに生きものが生まれて進化をする。進化を具体的に進めるのは個体ですから、個体が生まれる発生が重要となります。それらすべてをＤＮＡから考えていくことができれば、それが「生命科学」のはずだと考えたのです。

当時の環境問題も科学技術が効率ばかりをよしとし、生きもののもつ「時間」を無視しているために起きたことですから、学問のなかに時間を取り入れることは、社会とのつながりからしても大切なはずです。当時はまだ分子生物学者が発生や進化に目を向けてはいませんでした。それを取り入れなければいけないと考えたのです。思い返すと、生命誌への展開は、生命科学を考え始めたときにすでにそこに芽があったことに気づきます。

アメリカの「ライフサイエンス」と「生命科学」

ところで、歴史はおもしろいものです。私たちが「生命科学」の研究を始めた一九七一年に、アメリカで「ライフサイエンス」という言葉が生まれました。日本語に訳せば「生命科学」です。しかし、ライフサイエンス誕生の経緯は、日本の生命科学とはまったく違います。一九六〇年代のアメリカでの科学技術の華は、アポロ計画であり、実際に人間が月へ行き、大成功をおさめました。しかし、巨額の予算を投入したにもかかわらずその成果が生活につながらないという批判もありました。アポロ計画を進めたケネディ大統領が暗殺され、代わって大統領になったニクソンは、より生活に近いプロジェクトとして「がんとの闘い」を打ち出しました。

がんと闘うには、原因究明のための生物学が必要です。当時はがんウイルスの探究を意識していました。そこで生物学と医学を合わせた分野を「ライフサイエンス」と名づけたのです。今は、内容そのままに「生物医学」ということが多く、医学、医療の科学技術化を進めています。

その活動の一つであるがんの治療薬の開発には企業の関心が高く、一九八〇年代にバイオテクノロジーという言葉が流行しました。生命を大切にする社会への移行という理念よりもビジネスとしての関心です。このような中では江上先生のコンセプトが正しく理解されることは難しく、日本の「生命科学」もアメリカ型の生物医学が主流になりました。

そのなかで、江上先生の構想を直接聞いた者として、日本生まれの「生命科学」を生かすことが今後の社会にとって重要と強く感じ、それを継ぎたいと考え続けていました。

遺伝子組換え技術——ガイドラインをつくる

発生・進化など時間の入った学問を進める必要があることはわかっても、DNA研究ができるのは大腸菌などの微生物であり、生命科学が始まった一九七一年には私たちが日常目にする多細胞生物のDNA研究はできませんでした。そこで、世界中で多細胞生物の新しい研究方法開発への挑戦が始まりました。なるべくかんたんな生物として線虫、遺伝子の研究が進んでいるショウジョウバエなど適切な生きものを選択する人、脳細胞など関心をもった細胞の培養を試みる人……名のある研究者がさまざまなアイデアを試しましたが、なかなかよい系が見つからず、六〇年代末から七〇年代初めは模索と悩みの時でした。

そのなかで思いがけない技術が開発されました。「組換えDNA技術」です。一九七三年のことでした。さまざまな生物のDNAから研究したい遺伝子部分を切り出して大腸菌のなかで増殖させ、その遺伝子を研究できるようになったのです。できるだけかんたんな生物を選択するなどということをしなくとも、組換え技術を使えば人間（ヒト）の遺伝子の研究もできます。実際にヒトのインスリンをつくる遺伝子を大腸菌に入れてその遺伝子の研究をするだけでなく、大腸菌にヒト・インスリンを生産してもらい、これを糖尿病の薬にすることも行なわれました。これでDNAから多細胞生物の研究、現象としては発生や進化の研究をすることが可能になったのです。

しかしここで、組換えDNAという技術への疑問が出されました。DNAを種の異なる生物に移すのは自然にもとる（西欧文化のなかでは神を冒瀆する）技術ではないかというのです。とくにこれを技術に応用することには大きな抵抗がありました。

確かに、何が起きるかわからないなかで、何をやってもよいわけではないけれど、多細胞生物の研究は進めたいと多くの研究者が思いました。「組換えDNA技術」は基礎研究に不可欠と考えた研究者がアメリカに集まり、しばらく研究を止めてみなで議論をしてガイドラインをつくりました。議論にはさまざまな国の研究者が参加しましたが、ガイドラインはアメリカでだけ有効のものとして作成されました。科学研究の歴史のなかで、特定の技術が実際に使用される前に専門家がガイドラインをつくったのは初めてのことです。実際に自分の研究を止めてガイドラインづくりをリードしたP・バーグにお会いして、研究者として、社会人としての意識がみごとに合わさっての言動に感激したことをよく思い出します。法律ではありませんから、守る義務も罰則もありません。良心に従うだけです。でも、このガイドラインはみごとに守られました。ただ日本での拘束力はありません。

ここで、江上先生は、組換えDNA技術の重要性を考え、基礎研究を着実に進めるために「生命科学研究所」のガイドラインをつくるよう指示されました。具体的には私がその役をしました。研究所の仲間と相談し、日本で初めてのガイドラインをつくったのです。もっともアメリカのお手本がありますから、それに倣ってのことでしたが。その後、大学院修士のときの恩師渡辺格先生が、日本の国としてのガイドラインづくりをなさり、それもお手伝いしました。これで、日本でのDNA研究が進められることになり、生命科学の研究が具体的にできるようになりました。

すばらしい先生との出会い

ガイドラインのことも含め、江上先生も渡辺先生も今最も重要な学問は何か、社会が必要としているものは何かを充分理解したうえで、自分がやりたいことをやるという姿を見せてくださいました。まだ研究費が充分ではないなかで、日本の学問をどうするか、若い人たちがのびのび研究できる環境をつくるにはどうしたらよいかを考えていらっしゃいました。

性格はまったく違い、江上先生はせっかちで即決型。「先生の部屋に入って、五分間いられたらすごい」と言われていました。一方渡辺先生は、「先生の部屋から一時間で出て来られたらすごい」と言われていた議論大好きの方です。たまたまこのお二人に弟子と認めていただき、とにかくお二人を見て進めばよいという状況にいられたのは、運がよいというほかありません。

分子生物学は、ハイゼンベルク、ボーア、シュレーディンガーなど優れた物理学者が、これからは生命の研究が重要と考えたことがきっかけで生まれたものですから、日本の物理学者で広い視野をもった方も生命科学に関心をもたれました。

渡辺先生、江上先生の主催なさる会合には、湯川秀樹先生や朝永振一郎先生などが積極的に参加なさっていました。研究者の卵だった私も、先生方にＤＮＡ研究の現状をお話する機会が少なからずあり、そのお人柄にふれたこともありがたい体験でした。新しい分野に入ったことの利点です。専門家が少ないですし、序列にこだわる空気がありませんから、一流の方と直接接する機会が多いのです。流行でない分野のよさです。また生命科学研究所が民間研究所であったために、企業の方にお話をする機会も多く、基礎研究を越えて社会活動として何が大切かということを教えられました。当時の先生方の年齢を越えた今、先生方から学んだことを生かして、本物として行動しているだろうかと反省しながら先生方を懐かしく思いだしています。

生命科学研究所から生命誌研究館へ

組換えＤＮＡ技術とＤＮＡの塩基配列（ＡＴＧＣという四つの塩基の並び方）解析という二つの技術によって多細胞生物の研究ができるようになり、いよいよ江上先生の「生命科学」の研究ができると思ったのですが、現実は厳しいものでした。すでに記したようにアメリカのライフサイエンス、つまり「生物医学」が日本でも優勢になったからです。

一九八〇年代には、バイオテクノロジー・ブームとなり、企業が医薬品開発や農産物の品種改良などを競いました。遺伝子治療で難病も治療できるという夢も語られました。当時の技術では、実際の治療も薬品の生産も難しかったのですが、期待には大きなものがありました。とくにがん遺伝子の探索は精力的に進められました。そのなかで一つの遺伝子が一つのがんの原因となるのではなく、さまざまな遺伝子が複雑に絡み合ってがんをひき起こすことがわかってきました。結局人間のもつＤＮＡのすべて、つまりヒトゲノムを解析しなければがんはわからないということになり、二〇世紀末に国際的なヒトゲノム・プロジェクトが進められたのです。

その成果から、ｉＰＳ細胞も生まれて、今や再生医療への期待が高まっています。実は最近、ゲノム編集という、組換えＤＮＡ技術をはるかに越えるＤＮＡ操作技術が生まれ、医療への応用が考えられています。生命科学が始まって五〇年近く経過し、流れは、生きものを機械としてとらえ、その故障をなおす医療技術を進める方向へとぐんぐん動いています。もちろん病気の治療は必要ですが、それだけでなく、生命科学研究の成果を、どのような生き方をするかという基本につなげる時が来ているという気持ちが強くなっています。

江上先生は一九八二年に亡くなられ、それからは「生命科学」を私の課題として考えなければならないと強く思ってきました。そのころ一九八五年に開催する「科学技術博覧会」の準備が始まっていました。テーマは「科学技術と人間・居住・環境」。経団連の土光会長の指導の下、若手経営者として輝いていた牛尾治朗さんが委員長となっての基本構想委員会に参加し、社会を意識しながら生命科学について考える機会が与えられたのは幸いでした。

その後、構想を具体化する中心になられた国土庁事務次官をなさった下河辺淳さんが私に「科学技術と人間」というテーマを考えぬくように、と言ってくださいました。そのとき決心したのが〝現状の科学をそのまま認めてそこには光と影があるので、倫理が大切だという答えは出すまい〟ということでした。それには科学が変わらなければなりません。どう変えるのか。五年間は苦闘でした。

幸い、そのころ分子生物学の研究が進み、ＤＮＡを遺伝子としてでなく、一つの細胞、一つの個体を支える総体であるゲノムとしてとらえることができるようになったのです。これで生命科学が求めていることを具体化できると気づき、ゲノムを通して生きているとはどういうことかを考える新しい学問を生み出すことができるのではないかと思い始めました。たやすく答えは出てきませんでしたが、考え続けているうちに、あるとき、「生命科学研究所」ではなく「生命誌研究館」として考えればよいということが突然頭に浮かんだのです。これに気づいてからは急速に考えがまとまりました。

生命誌研究館――生命誌とはなにか

科学の成果を生かしながら、科学がもっている問題点を克服したい。その課題への答えの一つが、「生命誌研究館」です。生命誌はバイオヒストリー。すべての生きもののゲノムには生命誕生から現在に到る三八億年の歴史が書きこまれており、さまざまな生きもののゲノムを解析して比較すれば生きものたちの関係がわかると考えました。歴史と関係の物語です。DNAを基本におくことは生命科学と変わりませんが、生きものをできあがった機械として構造と機能を知ることがその解明であるとは考えずに、生まれてくるものととらえるところが生命誌の特徴です。

たったこれだけの見方の変化ですが、それは機械論的世界観から生命論的世界観へという大きな転換です。これが科学をふまえながら科学を超えるという作業の具体です。江上先生の生命科学を具体化するには「時間」を取り入れなければならないと思い続けてきましたが、〝ゲノム」という中心的存在がまさに時間をもっている〟というあたりまえのことに気づくことで、それが解決しました。答えは最も身近なあたりまえのところにある。以来常にそう考えるようにしています。

ゲノムの興味深いところは、「私のゲノム」というように総体を表していながら、すべて分析可能だというところです。今ではヒトゲノムは三二億個のATGCが並んでいること、そこに二万数千個の遺伝子があることがわかっています。生きものや自然について考える際には全体を見なければいけないと言います。そのとおりですが、外から全体を眺めていても、それがどのようなものでどんなふうにできているのか、どのようにはたらくかはわかりません。分析的に見る必要があります。ゲノムは全体を示すものでありながら、分析可能なのです。これまでにない存在です。

しかも歴史性、階層性、共通性、多様性などの生きものの特徴のいずれも、ゲノムを通して語ることができます。ゲノムが生きものであるわけでも、ゲノムで生きものがすべて決まるわけでもありません。ただこれを通して生きものが見えてくる。これを生かさない手はありません。こうして生命科学と連続的でありながら、これまで見えなかった生きものらしさに向き合う知としての「生命誌」が、私の頭のなかに構築されました。

それを表現したのが「生命誌絵巻」です。おそらく生命誌をイメージしたときに私の頭のなかには、日本の自然のなかにいる自分があったのだと思います。生命科学を考えているときにはなかった感覚です。そこで、生きものが多様化していく様子を、これまでの科学でよく用いられる樹木の形でなく、扇にしてみようと思いました。扇の天は「現在」で、多種多様な生きものたちがいます。バクテリアもキノコも、ヒマワリも含めて数千万種といわれる生きものが暮らすのが地球なのです。これほど多様な生きものがみなDNA（ゲノム）をもつ細胞でできているという共通性は、すべてが一つの祖先から生じたことを示します。生命の起源は、扇の要、今のところ三八億年前の海のなかと考えています。

現存するすべての生きものは、ここから三八億年という時間を紡ぎ続けて今ここにいる。体のなかに三八億年の歴史が入っていることを、ゲノムが教えてくれます。そして大事なことは、人間（ヒト）もこの扇のなかにいること。科学を支える自然の見方と、そこから生まれた科学技術文明は、いつのまにか私たち人間は扇の外に存在し、扇のつくる世界、つまり生態系を支配しているかのような錯覚をもたせてしまいました。扇のなかにいながらヒトとしての特徴を生かすこと。これが生命誌が教えてくれる人間の生き方です。

それを具体的に考えるには、生命誌、つまり三八億年の生きものたちの歴史物語を読み解かなければなりません。それにはゲノムを通して、進化とそれぞれの個体の発生という時間を解きほぐしていかなければなりません。江上先生が生命科学を発想なさったとき、具体を考えるようにと言われて、ここに必要なのは「時間」ではないかと直感したことを思いだします。やっとゲノムを通しての研究ができることになった、どうしてもその場をつくりたい。「生命誌」を考えたときに思ったことです。具体的なイメージとしては、数人の研究者によって小さな生きものたちを対象に、進化や発生という時間を考えながらの研究を中心に、さまざまな分野の人と生きているってどういうことだろうと考え、話し合う場でした。

小さな生きものの代表はやはり昆虫、それからプラナリアや藻など、私たち人間とは少し違う面をもっている生きものから学びたいと思いました。たとえば、プラナリアで興味深いのは、再生です。

きれいな水に棲む三角形の頭に小さな眼のついた数センチの扁形動物の仲間で、切っても切っても小さな切片から体のすべてができてくるのです。私たちはこのような能力を失っていますから、後に生命誌研究館の館長を引き受けてくださった岡田節人（ときんど）先生（当時国立自然科学研究機構長・京大名誉教授）は、われわれは脳を手にいれた代わりに再生能力を失ったのではないかとおっしゃっていました。

岡田先生や、後に顧問になってくださった大沢省三先生たちと一緒に、チョウや二胚虫（タコの寄生虫）など、おもしろそうと思った研究をしている研究室を訪れ、あれこれ検討したときのことは、今や楽しい思い出です。その結果、実際にはチョウ、オサムシ、藻類、イモリなどの研究から始めるのですが、当時はモデル生物と呼ばれるマウス、ショウジョウバエ以外でのＤＮＡ研究はほとんど行なわれていませんでしたから、本当に成果が出るのだろうかと内心ビクビクでした。しかし、「多様性を考える」、「日常性を大切にする」というコンセプトで始めるのですから、思いきってやるほかありません。研究成果の詳細は省きますが、とても興味深い結果が出て、生命誌を具体的な形にできたのは幸いでした。

生命誌研究館——研究館という構想

進化や発生という時間を意識しながらの研究という特徴をもつといっても、一つ一つの研究はＤＮＡの解析をして進めていくのであり、時間がかかりますし、小さな成果の積み重ねです。これを生命誌という知に積み上げていくには、研究所でなく研究館という場が不可欠でした。

研究所は専門家が活動する閉じた場所です。生命誌はさまざまな分野とつながり、さまざまな人とつながらなければ意味がありませんので、どうしても開かれた場が必要です。それが研究館、リサーチホールです。ここでイメージしたのがコンサートホールです。

音楽はまず作曲されます。モーツァルト、ベートーヴェンなど作曲家が独自の作品を生みだし楽譜に書きます。これで音楽そのものはできあがりです。しかし、楽譜を見ただけで音楽が聞こえてくる人は専門家など特別な人に限られます。だれもが楽しめるには演奏が必要です。モーツァルトもベートーヴェンも自ら演奏し、人々を楽しませ、また評価をされたのです。演奏用のホールができ、大勢の人が音楽を楽しむようになって音楽という文化が社会に根づきました。

生きものの研究の場合、成果を論文にします。これで科学としてはできあがりです。けれども楽譜と同じで、専門家にしかわかりません。ここでも演奏が必要なのではないか……これまで科学についてはこのような発想はありませんでした。でも生命誌は文化として社会のなかに根づかせたい、みんなで考えたり楽しんだりするものでありたいと思いますので、演奏をする場をつくり、それを行なう人を育てたいと考えました。研究館をつくり、そこに「表現セクター」を設けたのです。音楽の表現には数百年の歴史があり、すばらしいホールや一流の表現者（演奏家）がいます。でも科学にはそれはありませんでした。

手探りでの活動でしたが、私たちなりのものはつくれてきたと思っています。研究館へいらしてください。当面訪問の時間がとれない方は、まずホームページを訪れてください。そこに生命誌という知を創りつつある私たちの活動が表現されています。もちろん、初の試みですので模索中ですが、思いは受けとめていただけると思います。

ここで紹介した「生命誌絵巻」が表現の始まりでした。以後、開館十年目に「新生命誌絵巻」、二十年目に「生命誌マンダラ」をつくりました。ゲノムとはなにか、細胞とはなにか、発生とはなにかについての展示もしています。季刊誌の発信、実験室見学ツアーやサマースクールなどで直接活動に参加していただく催しもあります。生命誌を実感する場としての研究館です。

そのような活動のなかで、いくつかの舞台作品を創ってきました。創立五周年に「ピーターと狼　生命誌版」をつくり、公演しました。プロコフィエフの作品では、おじいさんと暮らす元気な男の子ピーターが、狩人の力を借りて狼をつかまえ、動物園に連れて行く物語が、みごとな音楽で語られます。小鳥はフルート、おじいさんはオーボエで表す楽しい演奏で、子どもたちも楽しめます。生命誌版では、おじいさんはダーウィン、狼は恐竜で、進化のなかで恐竜が絶滅する物語にしました。フルートは小鳥でなく、バクテリアを表現します。井上道義指揮、京都市交響楽団による初演では、指揮者はもちろん、団員がこんなに新鮮な気持ちで「ピーターと狼」を演奏したのは初めてだと楽しんでくださいました。もちろん聴衆も。その後何度も演奏しています。

一〇周年は朗読ミュージカル「いのち愛づる姫」をつくりました。山崎陽子さんの独特の世界のなかで、平安時代の「蟲愛づる姫君」が進化を語る楽しいミュージカルで、これは絵本『いのち愛

サイエンスオペラ「ピーターと狼　生命誌版」

写真：外賀嘉起

研究館10周年記念　「いのち愛づる姫」

写真：川本聖哉

（写真はいずれもJT生命誌研究館提供）

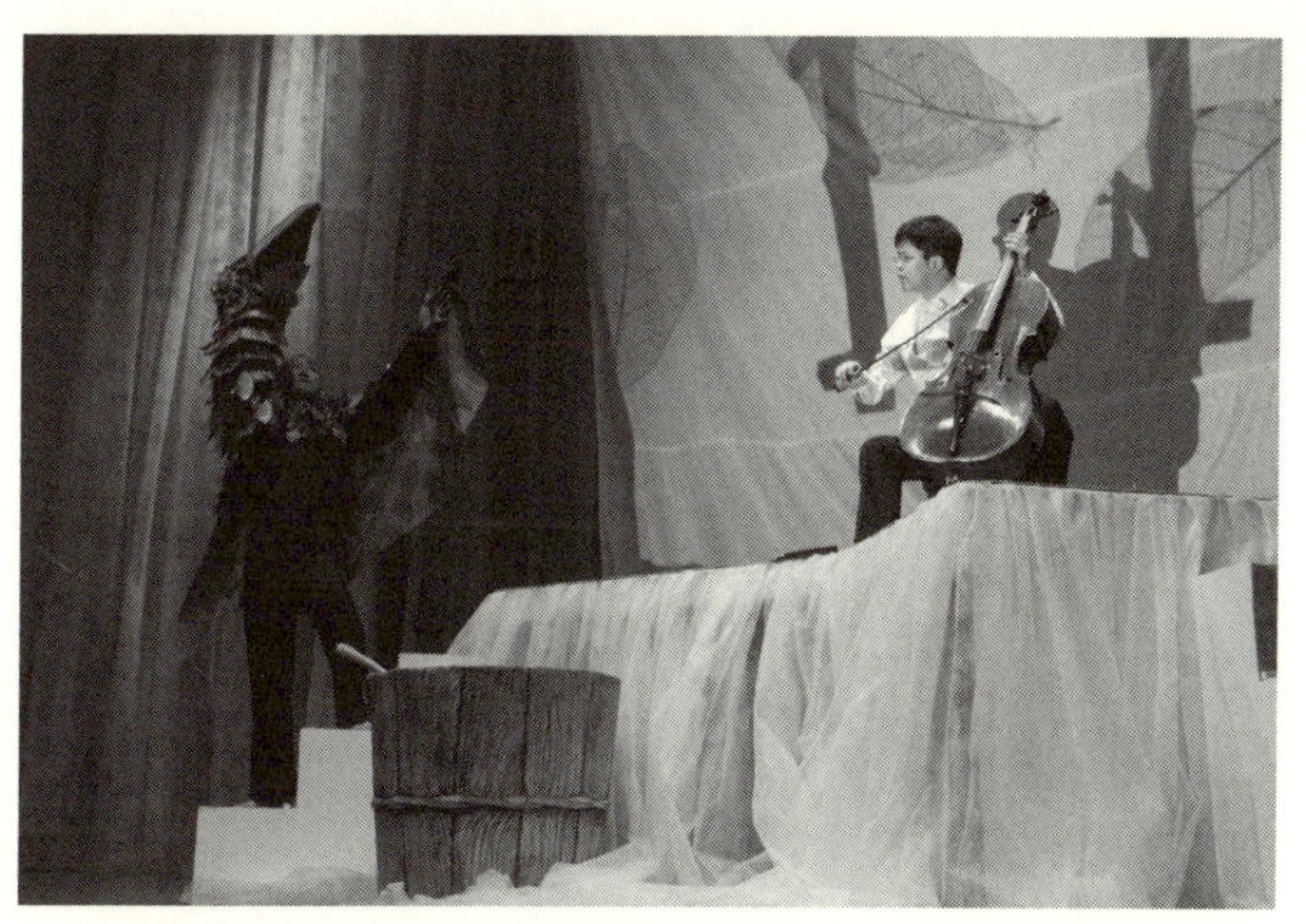

研究館20周年記念　「セロ弾きのゴーシュ」　写真：mobiile, inc.

づる姫』（藤原書店、二〇〇七）になっています。高校の文芸部の生徒さんが演じるなど広がりを見せています。

二〇周年には「生命誌版　セロ弾きのゴーシュ」を人形劇にしました。二〇一一年の東日本大震災の後、落ちこむなかで、なぜか宮沢賢治が読みたくなり、全作品を読み直しました。そのなかで、「セロ弾きのゴーシュ」に惹かれたのです。

ゴーシュは町の映画館の楽団員としてセロを弾いています。でもいつも楽長に叱られてばかり、ションボリと森の水車小屋に帰ります。ここで彼は必ず「ゴクゴク水を飲む」。今まで何気なく読んでいましたが、これはゴーシュが自然の世界へ入るための儀式ではないかと思ったのです。乾いた町ではうまく生きられないゴーシュが潤いのある自然に戻る儀式です。そこにネコ、カッコウ、子ダヌキ、野ネズミ親子が現れ、ゴーシュのチェロの音程やリズムなどを批評したり、それが病を癒すことを伝えたりします。こうしていつのまにかゴーシュはいのちの音を身につけるのです。そして六日目の晩、楽団での演奏に「アンコール」の声がかかります。自然のなかで手にしたいのちの音が乾いた社会の人々の心を動かしたのです。

ここで印象的なのは、ゴーシュは自分の変化に少しも気づいていないことです。この音は特別だなどとは思ってもいません。ですから大きな拍手にキョトンとしている。だからこそ本物なのではないかと思います。

研究館での活動も、このように自然のもつ生き生きとした潤いのある生き方を探るものにしたいと思っています。権力や金力を求めるのではなく、賢治の言う「ほんとうのかしこさ」を求めてのものとし、それによって生きものから離れて砂漠などと呼ばれる都市で暮らす人たちを動かしたいと願っています。ゴーシュのように素朴に、地道に生きることがそこへの道であると思いながら。

内発的で自由な活動の場

研究は個人の内発的な発想で自由に行なうことによってこそ、独自なものが生まれるものであるとは、だれもが思っていることでしょう。けれども、今はそれが許されなくなりました。大学や研究所など主として国の予算で活動しているところは、すぐに役立つ結果を出すことを求められています。生きているってどういうことだろう、人間はどこから来たのだろうという素朴で本質的な問いをじっくり考えることが許されません。江上先生が生命科学研究所を創設なさったときに、民間だから可能な自由さを強調なさったことを思いだし、生命誌研究館もそれを求めました。

下河辺淳さんが、大蔵省（現財務省）の次官から日本たばこ産業の社長になっていらした長岡實さんを紹介してくださり、お二人の他、関係の方々の支援で一九九一年に準備室、一九九三年に大阪府高槻市に建物が建ち、活動を始めました。館長の岡田節人先生、研究の中心を担ってくださった大沢省三先生（名古屋大学名誉教授）をはじめ、大勢の方たちのお力で、まさに自由な活動の場が動いてきたのです。なんて運がよいのだろうとつくづく思います。

ゲノムが語る歴史——生命誌が語ること

自然と人工が混在する人間

数学オリンピックでメダルをとった高校生が「将来何になりたいか」と聞かれて「なるべく楽をしてお金もうけができるといいと思う」と答えたと聞いた。大学で生物学を教えている若い仲間が、学生に「興味をもった本を選んで読み、感想文を書く」というテーマを出し、「なぜその本を選んだのか」と聞いたところ、「一番楽に読めそうだったから」という答えが大半を占めたという。高校で化学の先生をしている友人からも、つい先日同じような悩みを聞かされた。一流校とされているその学校で、生徒に科学の楽しさを伝えたいと二〇年間先生を続けてきた彼女は、できるだけ実験の時間をつくるようにしている。以前は、その時間が人気がありみんなが楽しんだのに、最近は

「とにかく答えは何か、早く教えてよ」と言われてがっかりさせられるというのだ。

二〇世紀は科学技術の時代といわれる。確かに科学研究が明らかにした新しい事実とそれを利用した技術の発展はめざましかった。そしてその目的は、できるだけ楽をして、便利に、効率よく暮らせるようにすることだった。空調された部屋で、スーパーマーケットで買ってきた世界中の食材を調理したごちそうを食べる生活があたりまえ……、幸せなことだ。しかし、その陰で失われたものが大きいことは、最近ではだれもが気づいている。

失ったものは何か。多くの人が「自然」と答えるのではないだろうか。日常生活から自然が消えていることは確かだし、地球環境問題に象徴されるように、人間の活動が自然に大きな影響を与えていることは間違いない。しかし、「自然」を失ってはいけないと考えて、「人工」を自然と対立させたうえで自然だけを守るという単純な方法で納得のいく生き方が手に入るわけではなさそうだ。

あるアンケートで「あなたは、経済成長と環境保護のどちらが大切と思いますか」と問うたところ「どちらともいえない」と答えた人の割合が最も高かった。大ざっぱに「どちらともいえない」が五五%、「環境保護のほうが大切」という答えが四〇%。「経済成長を重視する」という答えが五%となっている。この結果を、経済界の人や社会学者はこう説明した。「国民は明快な答えを出すだけの知識が与えられていない。だから啓蒙活動が必要だ」「日本人は、よその国の人に比べてどちらともいえないというあいまいな答えをする傾向にある」と。そうだろうか。私に経済か環境かという問いを出されても、現時点ではどちらともいえないとしか答えられない。今、誠実にものを考えようとすれば、こう答える以外にはないだろう。日本国民を、判断力のない優柔不断と非難し、啓蒙しようといっている人は、どちらの答えにまとまればよいと思っているのか知りたいものだ。

このアンケート結果の正しい読み方はこうではないだろうか。「経済の安定（経済成長という言葉には抵抗がある）も大事だし、自然を大切にすることも忘れてはならない。今や、この二つのうちのいずれかを選ばなくてもよい道、つまり経済も環境も大事にする道を探さなければいけない」。つまり「どちらともいえない」という回答は二者択一の質問自体に疑問を投げかけているのである。いわゆる識者といわれている人たちの認識の甘さにがっかりし、こんなこと、私が日常接している普通の人たちはとっくに気づいているのにと思う。これは、変化の時には既存の知識や体制にとらわれず、生活感覚を基本にして自分で考えることが大事だ、ということを教えてくれる。

経済か環境か、つまり人工か自然かという問い自体を無意味として、新しい道を探るにはどうしたらよいだろう。まず、人工の世界をつくりだす「人間」という存在に目を向けると、人間の基本は「ヒト」という生物であり、これは自然の一部だということに気づく。環境問題というやっかいなことが起きるのも人間が生きものだからである。空気を吸い、水を飲み、食べ物を食べるので、その供給源である環境が整っていなければ困るのである。ここで、確かにそうだ、そう考えれば環境優先という選択になるのではないか、といわれると困る。

実は生きものにもいろいろあって（多様性）、それぞれが独自の生き方をしている。ヒトという生きものは、よく知られているように二足歩行を始め、大きな脳、自由な手、微妙な発声のできる声帯、立体視ができ色彩が区別できる眼をもつことになった。これらの与えられた能力を十分に活用して生きることが望ましいわけであり、それはすなわち技術を生み出し人工の世界をつくること なのだ。つまり、自然界の一員であるヒトという生きものは、人工の世界をつくる存在なのだ。

つまり、「人間」のなかには本来、自然と人工が混在している。いや混在しなければ人間とはいえないのである。そこで、人間とは何かをよく考えながら社会システムをつくっていくことが、新しい道を探る一つの方法となる。実は私は、生命科学、つまり生物の構造やはたらきを知り、その知識を社会に生かすことがその具体化だと考えて仕事をしてきたのだが、どこか満足できず悩んでいた。たとえば遺伝子組換えによって、新しい薬や作物ができるなど、自然(生物)を活用した技術の成果が生まれることはすばらしいのだが、これで人工と自然の問題が解決するとは思えないのだ。

何か新しい視点が必要だ……、そう考えた結果、今のところ一つの答えを次のように出している。それは、これまでの人工が、自然と対立するように見えた理由は、それがあまりにも「時間」を切り捨てたところにあるのではないかということだ。最初にあげた若者の選択もすべて時間をかけることを避けている。生物には時間こそ大きな意味があるのだ。今私はそこに注目して仕事をしている。次回からその紹介をしよう。

(一九九八年初夏)

六五〇〇万年の実感

とにかく効率よく大量に……、それをねらって進んできた二〇世紀は、「時間」というもののもつ意味を軽視、時には無視してきたといってよい。私自身も職場は大阪、自宅は東京という生活を続けているので、始終新幹線で行き来しているが、これは決して旅といえるものではない。もちろん、富士山がきれいに見えるときは、季節によるその姿の変化に心を打たれ、天候によって変わる浜名湖の波の動きを楽しむくらいのことはするが、やはり一分でも早く着いてくれる列車がありがたいのだ。

ところで、生きものについて考えようとするときには、時間を無視するととんでもない誤りを犯すことになる。たとえば、生命の起源について考える場合も、時間をとり入れなければ答えは出て来ない。現在の生物を構成している主要な分子は、核酸（DNAとRNA）、タンパク質、糖、脂質であり、それ自体がそれぞれ興味深い性質をもつ独特のものである。そうかといってそれらは決して特殊ではない。この宇宙にありふれた物質でできている。

事実、実際に原始地球に存在したとされるメタン、アンモニア、水素、ホルムアルデヒド、青酸の混合物を加熱したり、放射線を当てるなどしてエネルギーを与えると、生体物質を構成する素材はかんたんにできてくる。塩基（核酸）、アミノ酸（タンパク質）、脂肪酸（脂質）である。ここまでは、われわれの「ものづくり」の感覚で理解できる。

問題はここからだ。生体物質は高分子である。タンパク質の場合、小さくても数百のアミノ酸がつながっているし、DNAにいたっては、単細胞生物であるバクテリアのものでさえ、四種の塩基が五〇〇万近く連なっている。これが、偶然生まれるなどということがあるだろうか。このような疑問が出てくる。

体内でのエネルギー生産のための重要なはたらきを担っているタンパク質であるチトクロームCを用いて論じている例をみてみよう。このタンパク質はアミノ酸が約一〇〇個つながってできており、タンパク質としては最も小さな部類に入る。それでも、二〇種類あるアミノ酸をでたらめに並べていったらどうなるか。二〇の一〇〇乗、つまり一〇の一三〇乗通りの並べ方が出てきてしまう。この数字は、全宇宙に存在する原子の数より多いわけで、チトクロームCに相当するたった一個の配列が偶然に生まれる可能性は、ほとんどゼロといってよい。ここで神様にご登場いただくのも一つの手だ。全知全能、すべてを計画し、生物もその一つとして創造なさったというわけだ。

けれども、生物学者という手合いは、最初からお手上げとはいいたくないと考えている人種である。自分で納得できるところまでは、何とか科学の方法で迫ってみたい。そこで登場するのが「時間」だ。チトクロームCの生成について、すぐにこんなことはありえないという結論になってしまったのは、今ここで合成するという感覚でものを見たからだ。たとえ可能性は低くとも、長い長い時間をかけて試みれば何とかなるかもしれない。そういう発想にはなっていない。

そこで、ちょっと時間に目を向けてみよう。生物に関して現れる時間のなかで、最もポピュラーなものの一つである、恐竜の絶滅を例にあげる。陸上生物としては最も栄えていた恐竜が、なぜか六五〇〇万年ほど前に急に姿を消したという話はよく知られている。それにしても、六五〇〇万年とはどのくらいの長さなのか。

ここで、小説家奥泉光さんがこれを実感しようとした例をお借りしよう。まず、どのくらいの時間なら実感できるか。五〇〇〇年なら何とかなりそうだ、というところから話は始まる。紀元前三〇〇〇年、そろそろエジプトやメソポタミア文明の始まるころだ。そこで、目をつむり、五〇〇〇年前のナイル川のほとりに立った気持ちになって、そのまた五〇〇〇年前に思いをはせる。ちょうど沖積世の始まりで、最初の氷河期が終わったところになる。さすが小説家、こうして想像を重ねること一〇回、五万年ほど前までは堆積していく時間の量をイメージできたのだそうだ。

ところで、六五〇〇万年前までさかのぼるには、これを何回繰り返せばよいか。計算はかんたんで一万三〇〇〇回となる。もし、五秒で五〇〇〇年前をイメージできたとすると（これもさすが小説家、ずいぶん速いと思うが）、全部で六万五〇〇〇秒、つまり約一八時間となる。ここで奥泉氏は「いくらぼくが閑人でも十八時間連続して五千年を数えることはしなかったけれど、いずれにせよ気の遠くなるような時間であるのは分かり、どれくらい気が遠くなるのか、漠然と感触を摑めた気にはなれた」と書いている。

そうなのだ。ここで私が威張ることはないのだが、生きものについて考えようとするなら、六五〇〇万年はまだまだ序の口である。その先に、生物の大爆発があったとされるカンブリア紀の五億年前、大気中に酸素がたまって、われわれのような多細胞生物が登場しはじめた一二、三億年前、さらには、生命誕生の時といわれる三八億年前と、気が遠くなるような時間が次々と展開していく。

もちろん、最初に出てきた一〇の一三〇乗という数は、それをはるかに上まわる気の遠くなるような数なのであって、たとえ何十億年かけたとしても、単なる偶然でアミノ酸が一〇〇個つながった望みの物質ができあがってくるはずがないことも確かであり、その奥を探るのがわれわれの仕事なのだが。

いずれにしても、まずは長い時間を思い浮かべて、そのなかで何が起きたかを考えることが基本である。そのうえで、生物という存在はどんな戦略をとって今のような形をとってきたか、それを探らなければならない。生命誌は、現在の生物のゲノムに残された記録から、その戦略をたどっていくのだが、そのスタートとして不可欠なのは「時間」を実感することである。目をつむって何年くらいならイメージできるか、試していただけるとありがたい。

（一九九八年夏）

あたりまえの重要性——ゲノムへの入り口

先日、神道の方が主催なさるシンポジウムに参加した。宗教のことはあまりよくわからないので、参加したというより引っ張り出されたというほうが正しいのだが。ご一緒したのは、道教と儒教の研究者と神道、金光教の方で、それぞれが人間や自然をどう見るか、それが私たち日本人のものの見方や日常生活にどのような影響を与えているかということを話し合った。初めて伺うことも多くとてもおもしろかったのだが、同時に強く感じたことがあった。

〝切り口〟または〝視点〟ということだ。どんな質問が出ても、道教の専門家はすべて道教で、儒教の先生はなんでも儒教で説明なさる。そして、実は私は同じことを生命誌で考えている。ここで、自分の見方だけにこだわって他を切り捨ててしまっては困るが、お互いになるほどと思い、お互いの考え方を取り入れながら議論をするととても楽しい。考えるということは、切り口をもつということなのだとつくづく感じた。

そこで、人間と自然の関係を見るときの生命誌の視点は何かといえば「生きものの一つとしてのヒト」ということになる。何をあたりまえな……、とおっしゃるなかれ。今最も大事なのは、あたりまえに見えることをよーく考えることだといいたい。その理由は二つある。一つは、今私たちに必要なのは、とんでもない夢をもつことよりは、日常を納得できる生活にすることなのだという認識だ。二〇世紀型の科学技術は、月へ間違いなく人を送りこみ、火星を探査することはみごとにやってのけるのに、毎日の交通渋滞はお手上げという性質をもっている。その背後にある思想もそうだ。

きょうもニュースで「自動車の生産台数が年間ついに一〇〇〇万台を割った。不景気も不景気、どうにもならない」といっていた。自動車の生産台数が、かつての高度成長、さらにはバブル景気といわれたころに比べて少なくなるのは、あたりまえなのではなかろうか。今の調子で世界中の人が自動車をもち、走りまわらせたら、エネルギー、環境などあらゆる面で問題だということはだれもが知っている。それなのに、景気を自動車の生産台数で語るこのふしぎ……。便利に、快適に、しかしエネルギーを大量消費して大気を汚すのではない移動や輸送のシステムを考える方向に変わろうとしないのはなぜだろう。

すでに二つめの理由も述べてしまった。つまり、あたりまえのことのほうが難しいし、しかも、今多くの人があたりまえと思っていることは二〇世紀の枠のなかでの考えであり、本質に戻ってみて、ほんとうにそれでよいのかという問いを立ててはいないのだ。

ぐだぐだ、愚痴とも説教ともつかないことをいいすぎたが、とにかく「生きものの一つとしてのヒト」という視点からは何が見えるかをみていこう。生命誌は、この視点を明確にしていくために、一つの切り口をもっている。〝ゲノム〟である。〝寿限無(じゅげむ)〟なら落語だが、ゲノムのほうは、どうしても科学を援用しないと語れないので、少し硬くなる。わかってみるとなかなかおもしろいものなので、しばらくおつきあいいただきたい。

ゲノムとは何か。生物学の教科書風に説明するとわからなくなる危険があるので、これも日常から入り、あなたのゲノムを考える。人間だれしも、この世に生を受けるには両親がいる。最近話題のクローン技術のことなどを言いだすとめんどうになるので、ここはごく普通に考えることにする。つまり、受精卵(父親の精子、母親の卵子の合体で生じる)が人間の出発点だ。受精卵は一個の細胞であり、そのなかには必ずDNAという物質が入っている。このDNAをゲノムと呼ぶのである。

ゲノムには、われわれの身体の材料をつくったり、日々の活動を支える働きをさせるための遺伝子が含まれているので、ゲノムによって私たちの基本が決まっているといってよい（ここで誤解のないようにしなければならないのは、これですべてが決まるわけではないということだ。これの最もわかりやすい例は、一卵性双生児だろう。この場合ゲノムは同じだが、二人が同じ人間になることは決してない）。

受精卵は分裂をして二個の細胞になる。このとき、どちらの細胞にも同じゲノムが入っているのはもちろんだ。さらに四個、八個と分裂を続けるうちに、ある場所におかれた細胞は脳に、別の場所の細胞は心臓にと分化していく。こうして個体ができあがる(すべて母親の子宮内で起きている)わけだが、ここで大事なことは、どの細胞も元は受精卵から始まっているのであり、そのなかに入っているゲノムはみな同じだということだ。誕生後にできる細胞についても、もちろん同じだ。

あなたの身体は、数十兆個もの細胞でできているわけだが、どこをとってもみな同じゲノム、これは一生変わらない。イワシを食べてもタコを食べても、それは一度分解され、受精卵のときと同じゲノムが入っている〝あなたの細胞〟になる。つまり、一生の間、あなたの身体があなたでありつづけることを支えているのがゲノムというわけだ。

しかも、そのゲノムは、両親から受け継いだものであり、祖父母から受け継いだものでもある。こうしてさかのぼっていくと、人類の祖先にまで戻ることになる。いや、そこではとどまらない。「生きものの一つとしてのヒト」というからには、人類が誕生する前からの連続を考えなければならない。サルの仲間、哺乳類、サカナ……、どんどん祖先を探していけば、ついには生命の起源に到達する。

今、あなたの身体をつくり、毎日働いている細胞のなかにあるゲノムは、生命の起源、つまり今から三八億年ほど前から続く、生きものの歴史を抱えこんだ存在だ。そして今、あなたの人生、数十年をその上に積み重ね、また次の世代へとそれをつなげていこうとしているのだ。毎日生きているこの時間の裏には三八億年がある……。それを実証してくれるゲノムを、これからしばらくみていこう。

そして、あたりまえのこと、つまり「ヒトが生きものであること」を実感していこう。

（一九九八年秋）

オサムシが語る日本列島形成史

ゲノムに記された歴史をどのように読みとるか。具体例で進めたほうがよかろうと思うので、生命誌研究館のことから話を始めよう。

一九八〇年代の半ばのことだ。七〇年代初めから始まったＤＮＡの分析が着々と成果を上げ、バイオテクノロジー・ブームが起きていた。学部時代には化学を勉強し、そのなかでＤＮＡに出会ったことが一つのきっかけで生物学に入った者としては、生物学も役に立つということは、心浮きたつ状況だった。自分ではそれほど大きな転向をしたつもりはなかったのだが、クラスメートからは「なぜそんな役に立ちそうもないところへ行くの」とたしなめられていたからだ。ところが、いざバイオテクノロジーが始まってみると、私のなかにいくつかの疑問が湧いてきた。

一つは、生物を基本にしているからには、生きものである人間にとって望ましい技術が生まれるはずなのに、遺伝子組換え技術への社会の反発が大きく、生命を操作するとんでもない技術だという反応が出てきたことだ。最先端科学・技術なので理解されないということもあるけれど、DNAを中心にした研究がほんとうに生命現象に迫っているかと考えてみると、ちょっと違う。DNA研究者の側にいる私にもそういう気持ちがあった。

しかも、組換え技術に反発する人々が、なぜか、生きものはすべて遺伝子で説明できると考えている節があるのが気になった。人間の性格から理性、愛や浮気まで遺伝子で語る風潮はおかしい。そうかといって、科学を否定して、心の大切さを振りまわすのが人間らしい考え方だというのも納得できない。

というわけで、とても落ちつかない状態に陥ったのが一九八〇年代半ばだった。どこかに答えを求めようとしてもだめらしい、自分で考えよう。そこからの悩みは脇におき、到達した結論は、ごくあたりまえのことだった。

DNAは地球上の全生物に共通の基本物質なのだから、これに着目するのは結構。しかし、生命現象を遺伝子に還元するのはどうも違う。生きものはやはり〝まるごと〟でとらえなければわからない。確かにＤＮＡはすべての生物に共通にはちがいないけれど、実際に目の前にいる生きものたちは多様であり、それが生きものらしさの基本ではないか。それだけじゃない。一つ一つの個体に独自性のあるのが生きものの特徴だ。同じヒトでも、私は私であってあなたではない。そこに注目しようと思った。

つまり、当時のＤＮＡ研究は、生物の共通性をＤＮＡの構造と機能で解明することに専念し、全体性、多様性、個別性というあたりまえのことに目をつむっていた。そこを何とかしなければ生きもの研究とはいえない。ＤＮＡ研究を否定せずに生きものに近づくにはどうしたらよいだろうと考えた結果、気づいたのがゲノムである。ゲノムとは、一つの個体が生まれ、暮らしていくことを支える一塊のＤＮＡ、細胞のなかに入っているＤＮＡの全体である。ＤＮＡには注目するけれど、単位は遺伝子ではなくゲノムにする。これで当面の悩みは解決した。ゲノムは、それぞれの生物が祖先から受け継いだものであり、そこには、それぞれの生物がどのようにして今に至ったかという歴史が書きこまれているのだから、それを読み解くことで生物の本質に迫ろう。そこで、生命誌研究館をつくり、研究を始めた。

さて、何を材料にして何を調べるか。あれこれ考えた結果、選んだのが〝オサムシ〟という地面をはう数センチの甲虫である。さんざん難しそうなことを考えたあげくにオサムシの研究？と疑問に思われたかもしれない。とにかく、ＤＮＡのなかにどんなふうに歴史が書きこまれているかを知るモデルなのだから、できるだけたくさんのサンプルを調べなくてはいけない。手に入りやすくて扱いやすい必要があるので、あまり大型のものはだめ。しかも、――ここがとても大切なことなのだが、ＤＮＡで生物のすべてがわかるわけではないので、姿形や暮らしの様子などの情報が十分に欲しい。そう考えて調べたら、日本のオサムシについては形態や生息場所の研究が系統的に行なわれていることがわかった。しかも、昆虫は多様性の王者であり、地上の生物の八〇％近くは昆虫だ。条件はそろっている。そこで、日本全土に分布するオサムシをアルコール漬けにした試料を集め、全種（五五種）について胸部の筋肉からＤＮＡを抽出し、そのなかのミトコンドリア遺伝子を分析して比較した。研究リーダーは大沢省三顧問である。分子生物学のパイオニアのお一人であると同時に、昆虫少年のまま大人になったところもあり、最もリーダーにふさわしい。

ＤＮＡ解析の結果、現存のオサムシはどれも、カタビロオサムシという祖先型から約三〇〇〇万年前に分化、拡散していったことがわかった。それが起きたのはアジア大陸、中国のどこかだ。そのなかで、日本に入ってきた特有種としてのマイマイカブリは、ＤＮＡ分析で大きく四系統になった。しかもそれは、①九州・中国・四国・近畿、②中部・関東、③東北南部、④東北北部・北海道、と生息地域がはっきり分かれたのだ。こんなにきれいに分かれた秘密は、オサムシが後翅が退化してしまって飛べないためである。地面をはっているのだから、土地との結びつきが強いのはあたりまえだ（白状すると化学から入った私は、オサムシが飛べない虫だということを知らなかった。運がよかったと胸をなでおろしたものだ）。

しかもここで、このあたりまえが日本列島形成史につながるという、おもしろいことになった。

本来アジア大陸の一部だった日本が、そこから離れたのは一五〇〇万年前（地質学のデータから）、その後、一二〇〇万年ほど前に大きく四つに分かれた。それがオサムシの地域分布とぴったり重なる。実は、日本のオサムシの起源がちょうど一五〇〇万年前、その後の種の分化も列島形成と並行している。地面の上をはう虫のゲノムが自らの歴史とともに日本列島の歴史を語る。地面と虫は一緒に動いてきたのだから当然だが、今までこういう研究はされていない。ちょっと大げさにいえば「自然」の研究だ。生命誌の研究は、常にこの線でいきたいと思っている（いつもうまくいくとは限らないぞと気を引き締めながら）。

（一九九八年冬）

大きな変化は共生から始まった

日本人の価値判断に大きく影響する言葉として「不自然」がある。何となくおかしいとか、うまく説明できないけれど嫌だというようなとき「不自然な感じがする」といって不快感を表したり拒否したりするのだ。この気持ちを、すべて無視してしまうのはまずい。本能、直感などに根ざしたものであり、生きものの能力を生かしていると思われるからだ。しかし、若者たちの茶髪を不自然と思っていた人たちも、最近ではあまり抵抗を感じなくなっているのではないだろうか（おもしろいことに、そのころには若者のほうは少し茶髪に飽きてきている気配もみえるのだが）。慣れてしまえば不自然でなくなるわけで、この判断は確固としたものではないようだ。

ここで何がいいたいかといえば、「時間」である。自然、不自然というとき、どこかに自然は変わらないものという前提があるような気がする。そして、その変わらないところに安心を託している。だから、ちょっと変わったものが現れると不自然と感じて警戒するのだ。しかし、自然は変わらないものではない。では、変わるものかといわれれば、そうでもない。とくに生きものはそうだ。イヌの子はイヌ。ネコの子はネコ。イヌからネコが生まれることはないからだ。でもイヌもネコも毎日変わっていき、一秒たりとも同じでいることはない。この、基本は不変なのに変わっていくという組み合わせこそが生きものの妙といってよい。科学技術の力で生物を操作するようになった現代社会では、あいまいに自然だ、不自然だと判断するのではなく、生物界の変と不変の実態をしっかりつかんだうえで、自然か、不自然かをみていく必要があると思う。

生命誌では、三八億年の生きものの歴史のなかでの変と不変を追い、生きものの本質を知りたいと考えている。私が、この長い歴史のなかで、最大の「変」だと思っているのが、真核細胞の出現である。もちろん、その前に生命の起源がある。自己増殖するものがどのようにして生まれてきたのか……無生物から生物へという変化にはもちろん、とても興味があるが、生きもの研究から起源を知る方法がまだないので、このテーマはもう少し先に考えたいと思っている。そこで、最初にできた細胞のところから考え始めると、その直接の子孫は、現存の生物のうち原核生物にちがいない。バクテリア類だ。これは、すべて単細胞であり、それゆえに、代謝系はさまざまに進化してきた。日常語では「単細胞なもので」とは、どうしようもなく単純であることを表現する言葉だが、どうしてどうして、一個の細胞で生きていくわけだから、そこにはたいへんな工夫がある。さまざまな生き方ができるので、地球上のあらゆるところ、たとえば海底にまで棲息している。

ただ、それは単細胞の生きものであって、私たち人間を生みだす道とは異なるところを歩いている。ヒトへの道の始まりにあるのは真核細胞である、これは文字どおり、細胞内に核をもち、そのなかにDNA（ゲノム）をしまいこんでいるタイプの細胞だ。原核細胞より長さにして一〇倍、体積にして一〇〇〇倍ほど大きく、中の構造がはるかに複雑になっている。とくに細胞内小器官といってエネルギーを生産するミトコンドリア、光合成をする葉緑体などをもっているために、生活力抜群である。このタイプの細胞は、酵母菌のように単細胞で頑張っているものもあるが、多細胞化をしてさまざまな生物をつくっていった。多細胞生物は、私たちが日常目にするほとんどの生きものであり、私たち自身である。これほど多様化し、そのなかでヒトまでつくりだしたのであるが、私は、ヒトを含めて現存の生物を生み出す可能性は、すでに真核細胞誕生のときに存在していたと思っている。これこそ始まりと言ってよい。DNA（ゲノム）のレベルでみれば、真核細胞の登場以来、それが複雑化する方法は変わっていない。

そこで、真核細胞形成に関心をもつのだが、いかんせん二〇億年ほど前に起きたことであり、現場を押さえるのは不可能だ。とはいえ、どこかに突破口はないかと、現存の真核細胞生物のなかで始まりに近いと考えられる藻類に注目した。藻類にはコンブ、ノリ、珪藻（けいそう）、ミドリムシなど形も生き方もさまざまなものがある。これらに共通なのは「水のなかに住み光合成をする」ということであり、別の表現をするなら「陸上植物以外の光合成をする生物の総称が藻類」ということになる。

ところで、ミドリムシという名前にちょっとひっかかる方がいるのではないだろうか。実は、この生きもの、動物学者は原生動物門のミドリムシ類に、植物学者はミドリムシ植物門のミドリムシ藻類に分類しており、お互いに譲らない。事実葉緑体があって光合成をしてデンプンを蓄えるかと思えば、鞭毛(べんもう)で泳ぎ回り、光のないところでは外から食物を取りこむという、植物とも動物とも決めかねる生き方をしているので、学者間の勢力争いに巻きこまれるのもしかたがない。

DNAで決着がつかないものか。そこで、核、ミトコンドリア、葉緑体にあるDNAを分析し、他の生きものと比較したところ、核とミトコンドリアは原生動物の仲間と出た。しかし、葉緑体のDNAは、緑藻の仲間となったのである。ここでもまた、動物なのか植物なのかきめられない。このおかしな結果を矛盾なく説明するには「細胞どうしの共生」を考えるしかない。それが私たちの結論である。

そもそもミトコンドリアと葉緑体なるものが、やや大型の細胞のなかに原核細胞が共生してできたものであることがわかっている。ミトコンドリアは酸素を用いてエネルギーをつくる能力のあるバクテリア、葉緑体は光合成能のあるバクテリアが細胞内に取りこまれて共生したものだということは、今ではほぼ定説になっている。ミトコンドリアと葉緑体に存在するDNAが、現存のバクテリアと同じタイプであるというのがその証拠だ。

こうして、真核細胞の登場には、原核細胞の共生が不可欠とわかったのだが、それだけでなく真核細胞どうしの共生もあり、これがさらなる複雑化への道だということがわかってきた。さて、ミドリムシの秘密は……。

（一九九九年新春）

＊

ミドリムシという、動物とも植物ともつかない生物はどのようにしてできたのかという問いを立て、それへの答えをＤＮＡから探ったという話をした。結果は、前にも述べたが、核とミトコンドリアのＤＮＡは原生動物の仲間であるという答えを出し、葉緑体からは緑藻の仲間という答えが出た。そこでミドリムシは一種のキメラと考えざるをえない（キメラは頭はライオン、胴はヤギ、尾はヘビという伝説上の生物だが、生物学では遺伝子型の異なる二つの細胞が混じった生物を指す。余談だが、確認のためにある辞書を引いたら前者の説明はなかった。生物学用語が日本語辞典にとりあげられるようになったのはありがたいけれど、それだけになってしまうとちょっと気になる。第一、前の説明がなければ、生物学者がなぜそういう生物をキメラと呼ぶのかという意味がわかってもらえない）。

原生動物と緑藻が混じってできたミドリムシは、具体的にどのようにしてできたのか。実は答えはかんたんで、原生動物が緑藻をパクリとやったのである。実は藻類の葉緑体には二重膜、三重膜、四重膜とその外側を包む膜の数に違いがみられ、緑藻の葉緑体は二重膜である。そこで、ミドリムシの膜を調べたところ三重膜であることがわかった。これを説明したのが**図1**だ。細胞が光合成バ

図1　共生による多重膜の形成の模式図

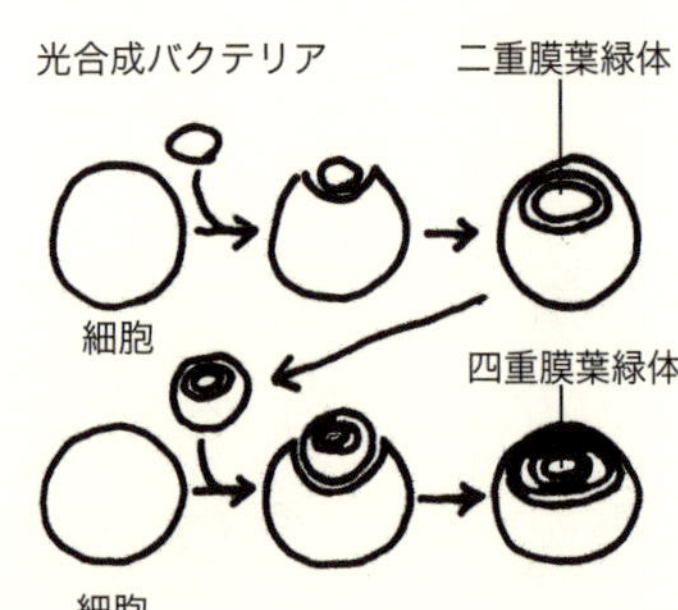

細胞に光合成バクテリアが共生して二重膜葉緑体ができる。この細胞がもう一度ほかの細胞に共生し、四重膜をもつ葉緑体が生じる。

クテリアを取りこんでできたのが緑藻、その緑藻を飲みこむと葉緑体は四重膜になる。ミドリムシのように三重膜のものはこのうちの二枚が融合したのか、どれかが消えたのか、その過程はまだよくわからないが、これでミドリムシの成り立ちは一応説明できる。

このパクリと飲みこむという行動が、ミドリムシだけのことなら話はこれで終わりだが、研究を続けているうちに、新しい細胞の誕生の陰には、この種の食べて食べて食べて……というチャレンジがよくあることがわかってきた。**図2**にあるように、多細胞化して動物や植物の一部に組みこまれた細胞はおとなしくしているけれど、単細胞のままでいるものは、次々と細胞を取りこんでいるのである。

そこでいくつかおもしろいことがみえてきた。少し細かな話になるが、科学というのは、このような小さな事柄のなかに本質が入っているのが特徴なので（だから私の好きな言葉の一つは「神は細部に宿る」だ）、筋を追っていただきたい。二種類の渦鞭毛藻（AとBとする）の葉緑体のDNAを調べたところ、AもBも珪藻のものに近いことがわかった。葉緑体の微細構造もよく似ているのでこれは間違いないと思われる。しかも、二つの葉緑体間のDNAの違いは小さいので、渦

図2　進化は共生の歴史

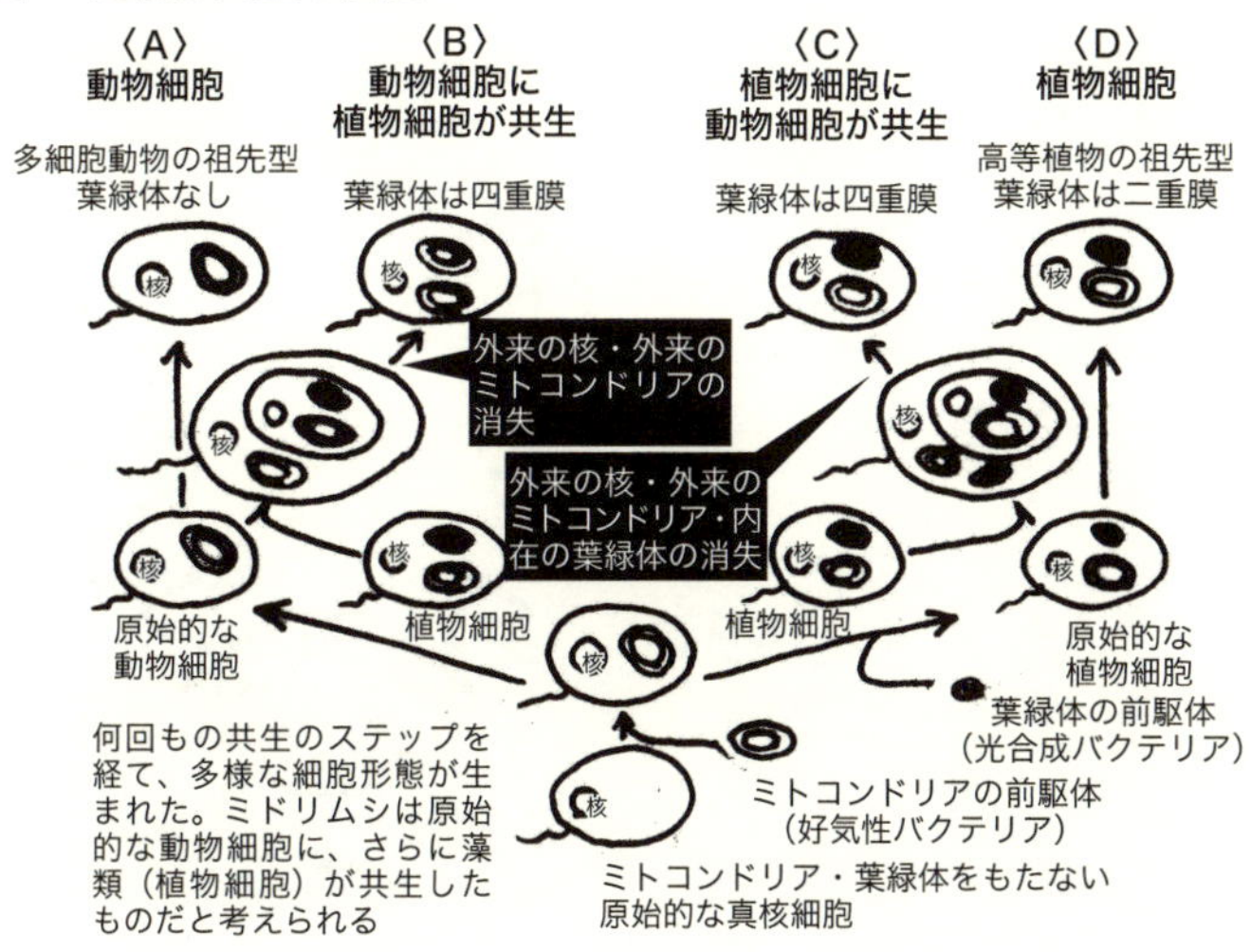

鞭毛藻に珪藻が取りこまれてからの時間は、まだ一〇〇万年も経っていないようだということになった。まだ一〇〇万年……そう、生命の歴史物語のなかでは一〇〇万年前は、ほんの少し前になる。

ところで、もう一つのデータ、つまり渦鞭毛藻AとBの核のDNAを比べた値が、ちょっとおもしろいことを教えてくれた。二つの間で塩基配列に九・三%もの違いが出たので、両者は一〇〇万年よりはるか以前に分かれたことになる。とすると、AとBは、分かれた後でそれぞれ独立に珪藻を取りこんだはずだ。しかも、一〇〇万年以内という進化の歴史のなかでは短い間にそれを行なったにちがいない。

細胞が共生でできあがってきたということはよく知られている。しかし、多くの人は、何となく、それは大昔、太古の海のなかでたまたま起きたことであり、それが今の細胞の姿を決めていると考えているのではないだろうか。渦鞭毛藻は、そうではない

図3　藻——食べて食べて食べて……

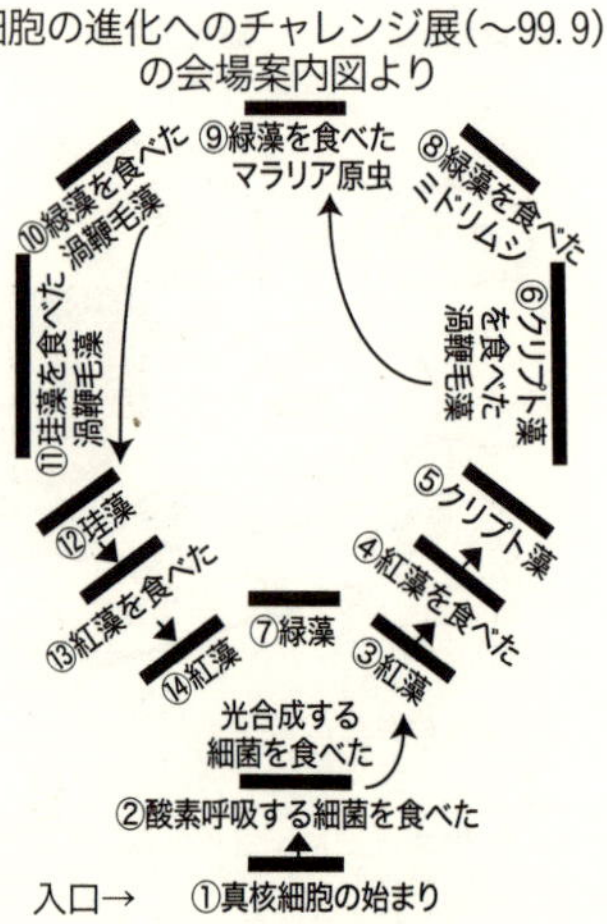

細胞の進化へのチャレンジ展(〜99.9)
の会場案内図より

入口→　①真核細胞の始まり
②酸素呼吸する細菌を食べた
光合成する
細菌を食べた
③紅藻
④紅藻を食べた
⑤クリプト藻
⑥クリプト藻
を食べた
渦鞭毛藻
⑦緑藻
⑧緑藻を食べた
ミドリムシ
⑨緑藻を食べた
マラリア原虫
⑩緑藻を食べた
渦鞭毛藻
⑪珪藻を食べた
渦鞭毛藻
⑫珪藻
⑬紅藻を食べた
⑭紅藻

ことを教えてくれた。細胞のチャレンジは絶え間なく起きているのだ。おそらく現在も。もし人間がとてもばかなことをして、大型の生物たち——もちろん真っ先に人間——が滅亡することがあっても、生き残った細胞たちの力でまた大型の生物は誕生してくるということを、これは示している。もちろん、だから滅亡させるような行動をしても大丈夫、というのではない。むしろ小さな細胞のなかにみるポテンシャルに敬意を表し、人間だけが偉そうな顔をするのはやめよう、というほうへ話を進めたいのである。

藻の研究をしているうちに思いがけないことにもぶつかった。マラリア原虫は、昔はミドリムシと同じように緑藻を食べてとりこんだ葉緑体をもっていたらしいことがわかってきたのである。よく調べてみると、今もそのかけらが残っていて、葉緑体のＤＮＡも一部存在している。そこで最近、葉緑体ＤＮＡのつくるタンパク質のはたらきだけを抑える薬剤でマラリアの治療を試みようとする研究が行なわれている。成功すれば大きな福音だ。小さな世界に教えられることはたくさんある。

これらの研究成果は、生命誌研究館のホームページにある。

（一九九九年春）

真核細胞の三つの能力

これまでの二回、生きものの歴史のなかで最大の変化ではないかと思っている真核細胞の誕生について述べた。生命の起源やヒトの誕生ならともかく、たった一個の細胞が生まれたところがなぜそんなに大切なの？と思われるかもしれないが、ここで生まれた真核細胞は、原核細胞にはできなかったことを次々とやってみせる。

そのなかでもとくに興味深い三つをあげよう。第一は、細胞内のＤＮＡ、つまりゲノムのなかにたくさんのむだがあるということだ。細菌のゲノムはとても効率的にできている。ゲノムのほとんどが遺伝子としてはたらいているし、一緒にはたらく遺伝子は一まとまりになっていることが多い。ところが、真核細胞となると、遺伝子と遺伝子の間にまだそのはたらきのわからないＤＮＡ（スペーサーと呼ぶ）が大量に存在するし、遺伝子自体のなかにも実際のタンパク合成には関与しない部分（イントロンと呼ぶ）がある。これらをむだと言い切ってしまうのはまだ早いし、完全にむだとしかいいようのない部分があったとしても、それが存在して初めて真核細胞なのだというところに目を向ける必要があるだろう。むだの効用などといってしまわずに、イントロンやスペーサーがいったい何ものかについては、生きものとは何かという基本的な問いの一つとして今後追っていくことが大切だ。

二つ目が、ゲノムが一セットでなく複数セット入っている細胞ができるということだ。複数といっても最も一般的なのが二つ、これを二倍体という。早い話が、私たち人間の体をつくっている細胞はすべて二倍体である。特殊な存在として、生殖細胞、つまり精子と卵子だけは一倍体だ。さて、二倍体の意味はとなれば、ここで述べたことで察しのつくとおり、性の登場と関連する。おそらく、最初に登場した真核細胞は、ゲノムを一セットしかもたない一倍体だっただろう。原生生物、藻類、菌類など単細胞の真核生物のなかに一倍体のものがみられることから、そう想像する。

この一倍体細胞は、原核細胞にはない機能として接合という能力をもっている。二つの同種細胞が合体するのである。これは今、精子と卵子の合体による受精という形でみられる。こうして性は、真核細胞のもつ、一倍体と二倍体を往復できるという性質とうまくつながって生じたものといえる。性の登場により、ゲノムの混合が起きて多様化がますます進むことになり、一生を過ごす体の細胞はゲノムを二つもっていることで変化に強くなった。一方のゲノムの遺伝子が変異などではたらかなくなっても、もう一方が活躍すれば体としては問題ないのだから。

原核細胞にはなかった三つ目の性質は多細胞化である。バクテリアにしても原生生物にしても、一個の細胞が一つの個体であり、かなりさまざまな様子をみせてはくれても限界がある。それに対して、多細胞になれば、形にしても機能にしても、ぐんぐん複雑化・多様化できる。では、最初の多細胞生物は何か。おそらくカイメンとされている。その前に、多細胞化への道のりを示す興味深い生物を二つ紹介しよう。一つは粘菌、もう一つはボルボックス（オオヒゲマワリ）である。粘菌は、森林の地面などにいるアメーバで、周囲のバクテリアや酵母などを食べている。ところが、食物が乏しくなるとあるアメーバが化学信号を出し、付近の仲間がどんどん集まってくる。後から来た細胞も信号を出すので集まり方は加速され、すぐに一万個ほどが集合する。こうなるとおもしろいことに、集合体がナメクジ形になり移動し始めるのだ。そして、栄養分の豊富な場所へくると細胞が分化、つまり役割分担を始める。一部が円盤状の脚をつくって上に茎を伸ばし、他の細胞はその先のほうで袋になる。袋のなかに、三番目のグループの細胞が胞子となって入り、これが周囲にまき散らされ、一つ一つの胞子がアメーバになって再びアメーバとしての生活が始まる。明らかに、細胞の集合と分化という多細胞生物のもつ能力を生かして巧みな生き方をしているのだが、生物としての主体はやはり、一つの細胞であるアメーバにある。

ボルボックスは、単細胞の藻類であるクラミドモナスが集まったような存在で、細胞数は五万個程度だ。群体と呼ぶのがよい状態だが、そのなかで生殖細胞に特殊化するものが現れている。

粘菌もボルボックスも、直接ここから始まってこのような多細胞へと続いていったと特定できる生物ではないので、これが具体的な多細胞化への道の一ステップとはいえないのだが、さまざまな生きものが、このような試みをしているうちに多細胞生物が生まれたのだろうと思わせる現象をみせてくれる。

別の道から、多細胞の始まりを追う研究として、ＤＮＡの分析から親類関係を知る分子系統樹を描いてみる方法がある。その結果、カイメンがその候補の一つとして浮かび上がった。京大の宮田隆教授のお仕事である。カイメンといえば、多細胞生物の特質を示す古典的実験を思いだす。A、B二種類のカイメンをそれぞればらばらにして一つの容器のなかに入れる。しばらく放置しておくと、細胞どうしが再び集まって塊に戻るのだが、その際必ずAはA、BはBで集まり、決してAとBとが混じったものはできないのである。これは、マウスの肝臓と心臓について、それぞれを細胞にばらして混ぜた場合、肝臓は肝臓、心臓は心臓で集まるという実験へと続いていく。この場合集まった心臓細胞は、同調して決まった拍数での脈動を始めるようになる。

むだ、二倍体、多細胞、いずれも独立の現象ではなく相互に関係し合って、複雑で多様な生物界を形成していく現象といえる。ゆえに真核細胞の生成こそ重大事件と考えるのであり、真核細胞のさまざまな試みを追ううちに、ヒトにまでつながっていくわけである。

（一九九九年初夏）

個体を見よう、自然を見よう

庭に出ると、バラが花盛り、ポピーも次々と咲いてくる。アブラムシなど庭づくりのためには退治しなければならない存在も含めて、なんでこんなにいるのだろうと思うほどさまざまな生きものがいる。身近なところでも、これだけの多様性が見られるのであり、これが生きもののおもしろさの基本である。

けれども科学は多様性を嫌う。法則性、論理性、客観性、再現性を旨とするからである。とくに二〇世紀は、科学より科学技術の時代であり、一刻を争って技術開発をしようと情熱を注いでいるわけだから、法則性のないものは困る。幸い（ここでは一応幸いといっておこう）、生物学もその枠にはまった。生物の世界で、だれもが知っている明確な法則は「メンデルの遺伝の法則」だろう。僧院の庭でエンドウマメをまいての実験から得られたものである。余談になるが、私も今年庭にエンドウマメをまいて（もっとも、遺伝実験のためではなく食べようと思ってだが）、比較的かんたんに育って次々と花を咲かせ、実もつける楽しい植物であり、しかも性質がとてもわかりやすく、確かにこれは実験に向いている植物だなあと思った。研究の当たりはずれを左右するものに、実験材料に何を選ぶかということがあるが、メンデルは当たりを選んだことになる。

メンデルの法則の基本は、遺伝因子が存在し、それに優性、劣性があるために、マメの粒がツルツルかシワシワかというような性質が三対一の比で子どもに伝わるというものだ。実は、忠実にマメの数を数えれば、ピタリと三対一になるものではなく、メンデルのノートに書いてある数字はずれているといわれる。実験をやったことのある人なら、それはよくわかる。あまりにもみごとな数字が出るとかえって心配になるものだ。三対一という比は、因子の存在を仮定したときに考えられるものであり、細かな数字はさておき、因子という概念をもっていたところにメンデルの先見性があるといえる。

法則の示す値より何より、親から子に伝わる因子という概念が大事なのであり、それがあまりにも先を行くものであったために、一九世紀には注目されないことになってしまう。それが二〇世紀初めに再発見される――しかも、独立に三人によってそれが行なわれたということは、この時期になると、メンデルの概念が理解されるところまで周囲が追いついてきたということだ。

遺伝法則の再発見から始まる二〇世紀は、遺伝学の世紀になった。細胞核内の染色体が発見され、そこにＤＮＡが存在すること、ＤＮＡがあらゆる生物の遺伝子の本体であることなど急速に理解が進む。最も重要なのは、ちょうど世紀の真ん中で行なわれたＤＮＡの二重らせん構造の発見だろう。ここから、生物学の基本は遺伝学になった。

確かに、イヌの子どもはイヌであり、バラの木には必ずバラの花が咲くところが、生きものの特徴であり、遺伝は生きものを支える基本であることに違いはない。しかし、二〇世紀を終わろうとする今、私はどこかこの流れに違和感を感じている。というのも、人々の関心は、イヌの子はイヌであるという日常のなかではあたりまえに見えることにふと疑問を感じ、その背後にあるなぞを解くという素朴な生物学からどんどん離れているからだ。ＤＮＡという物質で、遺伝現象を説明することが目的になっている。科学のなかに生物をはめこむには、遺伝という現象から見ていくのが最も合理的、効率的だというわけである。そこで、道を歩いているイヌ、庭に咲くバラ、都会の憎まれ者になってしまったカラスなどの一つ一つは個体として存在しているのであって、決して遺伝子の塊ではない、というあたりまえで、しかも重要なことが学問の世界から消えているような気がする。

二一世紀へ向けての生物学は、もう少し個体に目を向けるものにしたいと思う。生物学をさらにおもしろくするには、遺伝という現象も含めて個体に中心をおいた視点をもつ必要があると思っている。物質への還元が目的ではない。受精卵という一つの細胞からイヌとかカエルとかヒトとかいう一つの個体が生まれ、さまざまな行動をし、だんだんに老いて死んでいくというプロセスがどのように行なわれているのかというところに目を向けて全体を見ることである。

既存の学問で分類するなら発生生物学と呼ばれる分野がそれなのだが、そこにスッポリはまるものでもない。個体生物学とでも一応仮に呼んでおくが、これはあくまでも仮のこと。これの特徴は、一つ一つの生きものに目を向けるので、もちろん多様性を捨てるわけにはいかない。しかも個体の一生のなかには、遺伝子できちんと決められている部分もたくさんあるが（そうでなければ、イヌはイヌではいられない。ヒトもヒトではいられない）、そうでないところもまたたくさんあるはずだ。

何より大切なのは、遺伝子ですべてを考えていこうとする遺伝学が、どうしても還元的になり、実験室的になるのに対して、個体を見ていこうとすれば、全体を見つめ、自然を見ることになるということである。前回、真核細胞の登場こそ生物の歴史のなかでの最重要事項だといった理由は、実はここにある。原核細胞の世界は、遺伝ですべてを語ってもかまわないところがある。けれども真核細胞が生まれると、そこに多細胞生物が登場し、性が生まれ死が問題になってくるので、どうしても個体が浮かび上がってくる。

生命誌は、最先端の科学をふまえながらも「自然」を見ることを大事にしている。ゲノムはそれを見るための道具として有用なのである。残念ながら、二〇世紀の科学は、みごとな進展を遂げながら、いや遂げたがゆえに自然から離れた。ナチュラル・サイエンスという言葉の意味を、もう一度よく考えて知を組み立てよう、というのが生命誌である。個体から何が見えるのかをゲノムと関連づけて、次から述べていこう。

（一九九九年夏）

個体づくりとゲノム

「個体」。ゲノムから生きものを見ていくときに中心になるのはこれである。もちろん、DNAも細胞も重要であり、現代生物学の研究は通常は目に見えないDNAや細胞のはたらきを明らかにしたからこそ大きく進展したといえる。

しかし、日常生きものといえば個体をさすのだし、何といってもそれが生まれてくるところはふしぎである。そこで、生物研究の歴史を追うと、当然このふしぎから始まっている分野がある。「発生生物学」である。

発生についての考察を記載した最初の人は、アリストテレスといわれている。彼は「女性（メス）の月経血に、男性（オス）から生命力つまり精液が注入されると赤ちゃんの素ができる」と考えた。そこに霊魂が入って人間ができていくというのだ。中世になると、神による創造が絶対のものとなっていき、素直に観察し考えるという態度は失われてしまう。神の力があれば生命体は生じてくるのであって、そこにどんなメカニズムがはたらいているかなどということは、たいした問題ではないことになる。

ところで、一七世紀になって顕微鏡観察が始まり、精液中に精子が発見されると、再び好奇心が刺激される。長いしっぽを振って動き回る存在がどんな意味をもつのか。まずそのなかに子どもの素、小型の子どもが入っていると考える人が出てきた。しかし、卵子との出会いがなければ子どもは生まれないし、卵子のほうが大きいし、卵子に小さな人の形が見えるなどという意見も出され、活発な論争がなされた。いずれにしても、あらかじめ小型の生物が存在しているという考え方なので、前成説と名づけられるが、これにはやはり神様の力でつくられたものという意識が強く残っているようにみえる。

一方、ていねいな観察から、精子や卵子には原型となるような形は見えないと思う人々も出始め、受精が刺激になって形づくりが始まるのだろうという後成説が生まれてくる。

一九世紀に入って、やっと現代の生物学につながる観察が始まる。一八二七年、ベアが哺乳類の受精卵での観察から、形づくりが行なわれていく様子を初めて明らかにした。もっとも、卵子と精子の融合、つまり受精の実態が観察されるのは、それから五〇年近く経った一八七五年、ウニを用いた実験によってである。現在の研究の速度からみると、何とのんびり、ゆったりした世界だろう。歯がゆく思うかと聞かれれば、いやうらやましいというのが実感だ。ウニでの観察は、実験発生学の基礎をつくっていくのだが（今でも多くの生物学教室で、学生の実習にウニを用いている）、そのなかで、ゲノムという視点から見たときに画期的と評価できるのが、一八九一年のドリーシュの実験である。

彼は、ウニの受精卵が二つに分割したところで、その二つを人為的に分離し、育てた。それまでの〝観察〟と違って、まさに〝実験〟である。細胞のレベルで生命体に操作を加えたのだから、まさに画期的といってよかろう。ところで結果はどうなったか。受精卵のもっていた全体性を壊してしまったのだからウニは死んでしまうことも予測できたのだが、実際には、どちらからも、やや小さいながら完全なウニができたのである。生物に関しては、部分と全体の関係というのが常に話題になってきたのだが、この事実は具体的な形でそれに一石を投じたことになる。二つに分かれた細胞は全体性をもっていたのである。これを知ったドリーシュはその後、哲学的思考に入ってしまうというおまけがつく。

ゲノムの存在を知っているわれわれは、これを科学の言葉で理解できる。まず、卵子と精子には、個体をつくるのに必要なゲノムが一セットずつ入っており、それが合体した受精卵はゲノムを二セット（これが二倍体という）をもち、これが分裂して個体を構成する細胞になっていくわけだ。最初の分裂でできた二個の細胞のなかのゲノムの状態は、受精卵の場合と同じ、つまりここではまったく同じ細胞が二つできあがっている。したがって、これを分離すれば、それぞれから一つの個体ができるわけで、これが自然界で起きているのが一卵性双生児である。

では、四分割したときはどうか。今ではマウス、ヒツジ、ウシなどの哺乳類でこの研究が行なわれており、どれでも八分割までは元の受精卵と同じゲノムの状態であることがわかっている。具体的には、ここで八つの細胞を分割し、その一つずつを別々のメスの子宮に入れてやれば（哺乳類の場合、顕微鏡下でただ観察していても残念ながら個体にはならず、子宮に入れることが不可欠だ）、そこから一個体ずつ生まれてくることになる（もちろん、これは理論上であり、実際にはうまく着床しないもの、着床してもうまく個体にまでならないものがあるけれど）。

このように、ある細胞内のゲノムが、一個の個体をつくりだしうる状態になっていることを「全能性をもつ」という。こうして、何分割目まで全能性をもった状態にあるのかを知り、さらにその後、各細胞が全能性を失っていく――これを分化という――のは、どんな過程なのか。つまり発生を、ゲノムの変化として見ていくのが現代生物学の最先端テーマの一つである。マウス、ヒツジ、ウシなどでの、全能性をもつ細胞を分割した個体づくりが、いわゆるクローンづくりであり、事実、乳牛や肉牛では、わが国でもすでに実用化へ向けての技術が確立している。

以前は、ふしぎとしかいいようのなかった現象も、ゲノムのはたらきとして見ていけば着実に解明できることがはっきりしてきた。

（一九九九年秋）

個別をていねいに見る

前回は、生きものを見るときの基本は個体であるという、日常生活から見ればあたりまえのことを強調した。この、あたりまえのことが語れるというところが生命誌の特徴であり、大事なところなので、もう一度そこを扱おう。

個体——いちばん身近なのは自分自身であり、知りたいこと、考えることがたくさんある。私とは何か。これは、決して科学が得意とするテーマではない。むしろ、哲学、宗教、文学などこそそのためにあるといえよう。しかし、科学を基本にする生命誌から見る「私」も少なからぬ意味をもち、哲学や文学にも影響を与えるようになってきたと思うのでそのへんを考えてみる。

これまでにも何度も述べてきたように、あなたのゲノム、私のゲノムという言い方ができる。あなたのゲノムは父親から半分、母親から半分受け継いだものだが、実はそれぞれからどの部分を受けとるかは個体によって異なるので、同じ両親から生まれた兄弟姉妹でも一人一人のもつゲノムは異なる。決して同じ個体をつくらないようにできている仕組みは、ここでは省くが、とにかく、一人一人が独自のゲノムをもつ、ということが大事なのである。

DNAを遺伝子として見ると、親から子への遺伝に話が絞られるが、唯一無二の個体としては受精が始まりである。独自のゲノムをもった受精卵が分裂をし、あなたの体をつくっていくのである。分裂を重ねていくうちに、心臓、肺、肝臓、筋肉、血液、目のレンズというように、それぞれ特徴をもった細胞になっていくのだからゲノムに何か変化が起きているはずだ。

私たちの体は、約四〇〇種類の細胞でできている。意外に少ない……その程度でこのめんどうな体をつくり、動かしているのかとお思いにならないだろうか。それはともかく、それぞれ独自の性質やはたらきをもつ細胞になったとき、それを分化した細胞というのだが、体ができていく過程を追うと、細胞がはっきりと分化する前から、筋肉は筋肉になる、レンズはレンズになると決まる時がある。

たとえば、カエルで肢ができるところを追うと、筋細胞にこれからなる前駆体ともいうべき細胞が肢ができる領域に移動していく。この細胞は筋細胞のように収縮に必要なタンパク質をたくさんもっているわけではないし、見たところもまだ特別の形にはなっていない。しかし、数分のうちに収縮タンパク質を大量生産するようになり、はっきりと筋細胞になるよう運命づけられている。肢の領域に移動していった細胞のなかには腱をつくる細胞もあり、それは腱になっていく。つまり、細胞としては、はっきりと分化をする前に運命が決まる時があるのだ。これを「決定」といい、個体をつくるうえで最も重要な段階である。表から見たのではまだわからないが細胞内でなにか変化が起き、それが次の細胞にも伝わっていくとき、つまり自己維持されるとき、これを「決定」というと定義されている。

では「決定」とは基本的には何か。まず考えられるのはゲノムの変化である。レンズの細胞ならクリスタリンという透明のタンパク質を大量につくるし、血球はヘモグロビンをつくる。ここで、レンズ細胞は、ヘモグロビンをつくるための遺伝子など捨ててしまい、クリスタリン用の遺伝子は他の細胞よりたくさんもっているのではないかと思いたくなる。それぞれの細胞が、必要な遺伝子だけをもつようになっていると考えるのが最も素直だろう。

実は、そうではないことがわかっている。クローン羊ドリーは、もっぱら乳を出すためにはたらく乳腺細胞のゲノムから生まれたのだから、そこには受精卵と同じゲノムがあったにちがいない。ドリーの誕生でこれが確認されるまでには、ちょっとした歴史がある。クローンづくりは、カエルで今から三〇年以上前に行なわれていた。オタマジャクシの腸の上皮細胞の核を、紫外線照射によって核をはたらかなくした未受精卵に入れたところカエルが生まれたという実験である。腸の細胞がすべてのゲノムをもっていることはこれで確実になった。

物理学ならこれで終わりだろう。ところが、そこが生きもの……カエルの腸というところを気にせざるをえない。他の臓器ではどうだろう、他の生きものではどうだろうと考える必要がある。臓器はともかく生物種については、多くの人がカエルだから腸の細胞のゲノムから一匹のカエルができたのであって、人間ではできないのではないか……そのほうがめんどうが起きないなという気持ちもあってそう考えた。とはいえ、科学は事実を確かめずに答えを出すことはできない。そこで、哺乳類であるマウスでの実験が行なわれた。そして、マウスの発生研究では一流と世界中の仲間から認められていた研究者が、カエルと同じことができた、つまりクローンができたと報告した。しかし、追試ができない。しかも、研究室内からスキャンダルめいた話が聞こえてきて……、これはいまだにグレーのままになっている。

研究も、正解へ向かってまっすぐ歩くだけのものではないということにふれたいと思ったので横道にそれたが、要は、生きものの場合はカエルでの答えは必ずしもすべての生物での答えにはならないという認識が大切である。そして具体的実験をして哺乳類でもクローンが生まれると確認することで学問が進んでいくのである。

生命誌では多様性や個体を大切にするのは、この生きものらしさを大切にしたいからである。大きな流れが決まっていても、やはり一つ一つ見て確かめていくのが大事だしおもしろいのが、生きものの世界なのである。


（一九九九年冬）

ゲノムが解析されたとき

これまでのところで、生命誌が、ＤＮＡという物質のもつ魅力的なはたらきに注目しながらも、生命現象を分子に還元して説明しようとするのではなく、あくまでも、自然界に存在する個体を基本に生きものを見ていく分野であることを述べてきた。そして個体も、すでにできあがってしまっているものの構造やはたらきを見るだけでなく、それが長い歴史のなかで、またたった一つの細胞である受精卵からどのように生まれるかという時間のなかで見ていくところに特徴をもつことを示してきた。

ところで、それらを知る手がかりは、やはりＤＮＡ（ゲノム）にある。そこで今回は、現在、ゲノムがどこまで解明され、生命誌の理解のためにどのように利用できる状況にあるかをまとめてみよう。世界の研究室からの成果報告をまとめるとこんな様子だ。

どんな生物のゲノムが研究されているか。まず、なんといってもヒトである。この研究が始まったきっかけは、やはり病気だといってよかろう。先進国での死因の上位は、がん、心臓病、脳血管疾患であることからもわかるように、病因は外部から感染する病原体よりも体内にあるDNAを探ることで明らかになる時代になっている。とくにがんについては、一九八〇年代に精力的に遺伝子研究が進められた。また、先天性の難病とされ、治療法がなく若いうちに亡くなる原因となった疾病の多くが遺伝病であり、これも遺伝子を追究すれば治療可能になるはずである。そこで、多くの研究者が競って遺伝子探究を始めたが、どうも大海に落ちたお金を探しているようなところがあり、うまく当たればよいがむだも多い。そこで、みなで協力して全体像をつかもうということになってきたのがゲノム研究の始まりである。

もっとも、ゲノムが研究対象となっているのはヒトだけではない。EUのプロジェクトチームがまず出した大きな成果は、酵母菌の染色体の一つ（これはATGCという塩基が三三万個連なっている）の全配列の決定だった。そのころ英国では線虫のゲノム研究を始めている。この生物は、細胞が九五九個しかなく、一個の受精卵から体のすべてができあがるまでの様子を英国のグループが調べ上げていた。そこで、ゲノムが解析されれば、個体ができあがるまでに、いつ、どこで、どんな遺伝子がはたらくかを知るための、とてもよい材料になると期待されたのである。酵母菌は、ビールやワインの発酵にも関係し、バイオテクノロジーとしての活用の面があるが、線虫は、どうみても生きているとはどういうことかという基本を知るための基礎研究である。

ここで興味深いのは、この研究の資金を出しているのが、ウェルカムという薬品会社を母体とす財団であることだ。英国的特徴を出すにはは、直接ヒトゲノム研究でアメリカと競争するよりは、基本の基本をしっかり押さえるのがよいという選択をしたのである。もちろん英国がヒトゲノム研究を進めていないわけではないが、自分の強みをもつ研究を進める姿勢が感じられるこのようにして始まったゲノム解析は、最初の成果として、一九九五年にインフルエンザ菌のゲノムの全塩基配列を決定した。一八三万個のＡＴＧＣを分析したもので、アメリカの国立衛生研究所（ＮＩＨ）の研究員をやめ、ベンチャー企業を創設したベンターの仕事である。以後続々、ＤＮＡ研究でよく使われてきた大腸菌や枯草菌のほか、病原体として興味のある結核菌やヘリコバクター・ピロリも解析された。バイオテクノロジーでの利用が期待される好熱菌、メタン生産菌なども対象になり、すでに二〇種ほどの単細胞生物のゲノムが解析されている。[*]おなじみの大腸菌ゲノムの塩基数は、四六三万九〇〇〇個である。一〇〇〇万というオーダーの塩基が並んだゲノムなら、すでに手の内に入ってきたといえる。

＊現在では一〇万ほどのデータがあり、バクテリアの種数も四万四〇〇〇となっている。

実は、多細胞生物では、英国が精力的に取り組んだ線虫が一九九八年に解析が終わり、一番乗りをした。こちらは九五〇七万八〇〇〇塩基。ここまで大きいゲノムを解析し終わったのだからさすがだ。遺伝子の数は、約一万九〇〇〇と推定された。前述したように、この生物は、卵から体ができる時の細胞の動きがすべてわかっているので、遺伝子のはたらきを調べていくのが楽しみだ。すでに調べられている遺伝子について、ヒトと線虫のものを比べてみると、よく似た部分が多いことがわかってきているので、線虫での研究は、線虫のことを教えてくれるだけでなく、ヒトをも含めた動物たちの体づくりやはたらきについても多くを語ってくれるはずである。まさに、ゲノムから物語が読みとれる準備が整ってきたといえる。

ゲノム解析は、もちろん植物でも進められている。小さくて世代時間が短く、しかもゲノムサイズが小さいという理由で、シロイヌナズナがモデルとして研究され、一方で実用性からはイネがとりあげられている。シロイヌナズナは一億二〇〇〇万塩基から成るゲノムをもつが、一九九〇年から始まった国際プロジェクトの活躍で、その七〇％はすでに解析されており、二〇〇〇年夏にはゲノム解析を終えるとされている。イネのほうは四億三〇〇〇万もあり、二〇〇三年までに四〇％解析しようという目標でこれも国際プロジェクトが動いている。

ヒトゲノムも二〇〇三年の全配列決定を予定しており、二一世紀は、配列のわかったゲノムを手にして、さてこれから実際のゲノムのはたらきをどう解き明かすかという時代に入ることは確実になった。もちろん、最初に述べたように医療への応用は大きい。しかし、それだけでは、生きているとはどういうことかという問いにはつながらず物足りないだけでなく、応用だけに走ったら、あまり楽しい世の中になるとは思えない。技術一辺倒の社会で、生まれたらすぐに遺伝子を調べ上げて悪いところはすべて直しましょうといわれる未来よりは、まずは多くの人が、人間以外の生きものにも興味をもち、多様なあり方をよしとする社会のほうがよさそうな気がする。生命誌は、多くの生物のゲノムに関するデータから後者の考え方を探り出していこうとしている。

（二〇〇〇年新春）

＊ヒトゲノムは二〇〇三年に概要決定が報告された。

＊

生命誌を知るために必要なゲノムの解明がどこまで進んでいるか、さまざまな生物についての研究の実情をまとめた。その後、ヒトゲノムのなかで、二二番染色体がすべて解読されるという、一つの区切りが生じたので、それをとりあげておかねばならない。

ヒトゲノムは、三〇億ほどの塩基対から成る。前回、全ゲノムが解析されたと紹介した線虫が九五〇七万八〇〇〇塩基だから、その約三五倍だ。こんなに大きな数のものがはたして分析できるのか……。それさえはっきりしていない一九八〇年代の半ばに、DNAを研究するのなら遺伝子を一つずつ見るのではなく、ゲノムを見ていくほうがよいということになった背景には、二つの動きがあった。ともに、アメリカから始まったもので、しかも病気の研究とかかわっている。

一つは「がん」である。一九七〇年代、当時のアメリカの科学技術政策はその目的をどこにおくか悩んでいた。宇宙開発プロジェクトであるアポロ計画は大成功をおさめ、世界で唯一、月へ人間を送る能力をもつ国としての威力を示すことができた。しかし、大きな国家予算を使ったのに国民の生活の質の向上につながるような成果は出なかったではないか、――これが興奮が冷めた後のアメリカ国民の反応だった。そこで、ニクソン大統領が掲げたのが「がん撲滅」だった。死因の第一位にあるがんの原因はなかなかわからないというのが当時の状況だった。わからないといっても、ウイルスが怪しいというのが多くの研究者の見方だった。トリに感染するウイルスをはじめとして、他の動物には明らかにがんを引き起こすウイルスの存在が確認されていたからである。ウイルス病なら撲滅できるはずである。天然痘ウイルスとの闘いに勝った体験から、アメリカの研究者たちはそう考えたのだろう。

ところで、新しいプロジェクトが始まり、がん研究が急速に進んだ結果わかってきたのは、ヒトのゲノムのなかにがんの原因となる遺伝子が存在するということだった。ニワトリなどのウイルスの場合も、実はウイルスが感染したときに、ニワトリのゲノムのなかにある遺伝子を組みこんできたのだということがわかってきたのである。「がん遺伝子」、思いがけない方向への展開にはなったが、原因がわかってきたのだからすばらしい。それを追いつめればがん撲滅も可能だろう。一九八〇年代初めにはそんな期待がもたれた。しかし、研究が進むにつれて「がん遺伝子」という一つの遺伝子があり、それがすべてのがんの原因であるというかんたんな構図ではないことが明らかになってきた。

がんという病気の性質を考えてみれば、これは当然のこととわかる。通常、体内の細胞は、必要なときに必要なだけ、決まった場所で増え、はたらいている。一方がん細胞は、異常増殖をしたり、本来自分のいるべきでないところへ転移したりと体内での決まりを破ってしまう存在である。正常細胞の行動の制御には多くの遺伝子がかかわっているにちがいなく、その遺伝子のどこかに異常が起きるとがん化への道を歩むだろうとはすぐに推測できる。つまり、がん化に関する遺伝子は「生きる」ということそのものにかかわる遺伝子だということがわかってきたことになる。がんを知ろうとすれば、遺伝子すべてがお互いにどのように関係し合いながらはたらいているかを知らなければならないのである。ここで「ゲノム」という考え方が登場した。ゲノムを全部調べようではないかという提案がなされた一九八〇年代の半ばには、三〇億個もの塩基配列の分析などとんでもないこととされ、まともに受けとめようとはしない研究者も少なくなかったのだが。

ゲノム研究へとつながるもう一つの流れは遺伝病の研究である。病原菌やウイルスの感染で起きる子どもの病気への対応が進み、乳幼児の死亡率が急速に低下した後、子どもたちのなかで目立ってきたのが、いわゆる先天的な障害であり、その多くが遺伝病であった。六〇〇〇種もあるといわれている遺伝病は、患者数はそれほど多くはないが、患者とその家族にとっては深刻である。そこで、このような病気の原因究明、つまり遺伝子の探究が始まった。といってもそうかんたんな話ではない。まず、その病気をもつ家系を探し出し、患者の分布を調べ、染色体のどの位置に原因遺伝子があるかを決めるところから始まる。

アメリカを中心に、いくつかの研究グループが活動を始めたのだが、しばらくするうちに問題点に気がついた。同じ病気を複数のグループが追っている場合、そのうちの一つが遺伝子を突きとめてしまうと他の人々の仕事はまったくむだになることになる。成功者は一人しかいない。そこでみなで話し合いをして役割分担をし、協力しようではないかということになり、染色体上での遺伝子の位置を決め、病気の遺伝子を探るためのプロジェクトが始まった。

こうなると予算も大きいので、アメリカ国内のどの機関が主導権を握るかという争いがからむなどさまざまな問題を抱えながらも、一九九〇年には国際プロジェクトとしての協力関係ができるところまでこぎつけた。以来、解析技術の急速な進歩も手伝って、一九九九年一二月という、二〇〇〇年直前にヒトの二二番染色体の全塩基を解析したという論文が出たのである。ゲノム解読の流れとしてとりあげておきたい事柄として遺伝病を紹介した。同じゲノムという言葉を使っていても、そこから何を見るかということは、研究の目的によって異なることがわかっていただけただろうか。

ゲノムプロジェクトはこのようにアメリカで病気の治療を意識して始められたものであり、現時点では、医療やバイオテクノロジーへの活用が主流だが、少し長い目で見れば、生命誌につながっていくにちがいない。


（二〇〇〇年春）

＊

ゲノム解析計画がアメリカ主導で行なわれ、その主流はがんや遺伝病などの病気の解明というところで行なわれてきたことを話した。これは実用性——別の言葉を使えば薬の開発や医療技術とつながるので、社会の関心は強い。ゲノムの話となれば、ほとんどがここにつながり、生命の歴史を解読するなどというのんびりした話などどこかへ消えそうな気がするが、そうではない。

実用化の陰で、生きものの歴史を知るうえで興味深いこととして少しずつわかりつつあることを一つ紹介しよう。

ゲノムのなかには、実際にタンパク質に翻訳されて遺伝子としてはたらくことのない塩基配列がある。こういう言い方をすると、常識的にはそういうものがほんの少し混じっていると受けとめられそうだが、実はヒトの場合、こちらのほうがゲノム全体の九〇%以上にもなることが知られている。したがって、この部分がいったい何であるのかという問いがあり、ゲノムの解析はこれに対する答えにつながるものであるはずである。今回は、この翻訳されない部分のなかでもとくに興味深い「イントロン」を見てみよう。

イントロンというのは、遺伝子として存在している一連の塩基配列のなかに入りこんでいながら、しかもその部分はタンパク質に翻訳されないところをさす。**図**を見ると、グロビン遺伝子の仲間が並ぶなか、遺伝子と遺伝子の間にある部分（スペーサー）と一個の遺伝子のなかに入っている部分（イントロン）の様子が大ざっぱにわかっていただけるだろう。エキソンといってタンパク質に翻訳される部分よりもイントロンのほうが多いということは少なからずある。

ところで、このイントロン、実は原核細胞では非常に少なく、私たちのような多細胞生物を構成している真核細胞ではやたらに多いという特徴がある。そこで、イントロンの由来とその意味を問うことが大事になってくる。

前にもふれたが、生命の歴史のなかでは、真核生物の誕生が最も興味深いイベントだと考えているので、この問いは生命誌としてたいへん大事である。そこで、本章ですでに紹介した、細胞どう

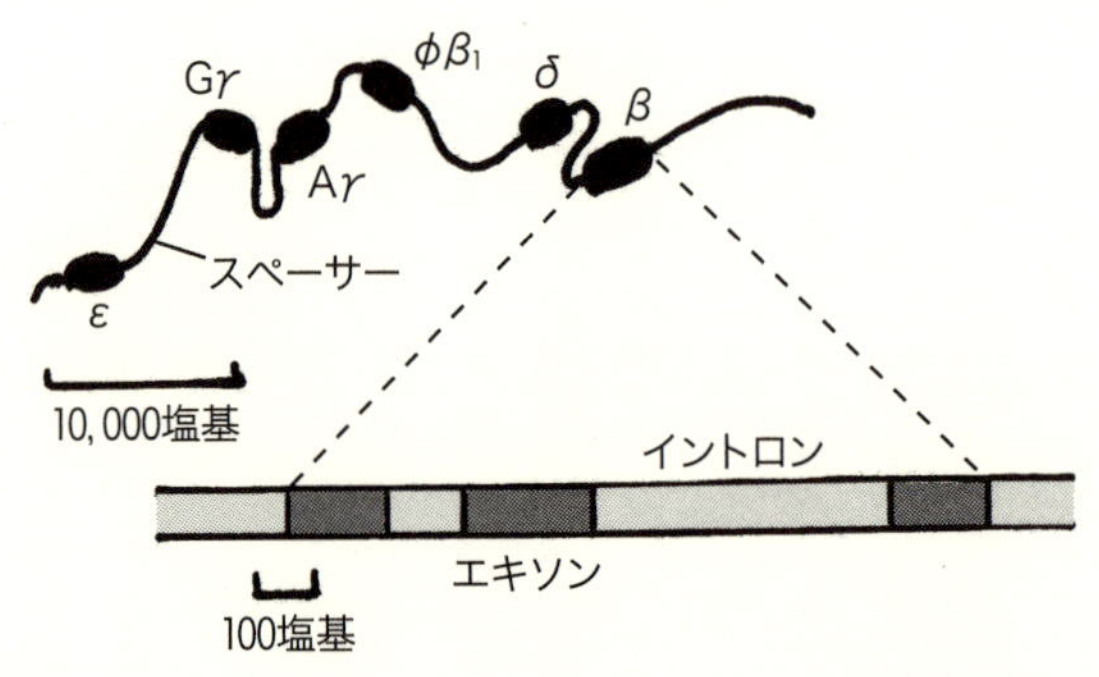

スペーサー、イントロンの存在。βグロビンファミリーでは、50,000塩基のなかに6個の遺伝子（β, δ, ε, φβ1, Aγ, Gγ）がある。各遺伝子は、イントロンで3つのパーツ（エキソン）に分断されている。φβ1 ははたらかなくなってしまった偽遺伝子。

しが「食べて食べて……」を繰り返すことによって真核細胞ができていくことを実証した藻を使ってイントロンについて研究した。

まず、原核細胞、つまりバクテリアにはイントロンは少ないことは確かだが、まったくないわけではない。最近の研究から、通常真核細胞に存在するものとはやや異なる構造のイントロンが二種類（グループⅠ、グループⅡとされる）あることがわかってきた。このうちグループⅡは、バクテリアとミトコンドリアや葉緑体などオルガネラと呼ばれるものにしかない。ミトコンドリアや葉緑体は元来原核細胞だったと考えられるので、グループⅡのイントロンは、もともと原核細胞に存在したものなのではないかと考えられる。

真核細胞のなかにあるミトコンドリアは、最初はバクテリアとしての遺伝子をすべてもっていたはずだが、長い間細胞内に寄生している間に、だんだん親細胞の核にある遺伝子のはたらきにおんぶして自分の遺伝子を失っていった。ただし、ミトコンドリアの役割であるエネルギー生産に関係する遺伝子などは残っている。

ところで、ある種の緑藻のミトコンドリアは、酵母など他の真核単細胞生物に比べて極端にその大きさが小さく、本来ミトコンドリアにあったはずの遺伝子が、かなり親細胞の核のゲノムに移っていることがわかった。その遺伝子の一つ（COXⅢと呼ばれる）を親細胞の核のゲノムから取り出して分析したところ、おもしろいことがわかった。つまり、核内にあるCOXⅢ遺伝子には、真核細胞に特有のイントロンが九個も入っていたのである。

このイントロンはどこから来たのだろう。考えられる起源は二つある。ミトコンドリアのもとになった原核細胞内にあったCOXⅢ遺伝子のなかに存在した、というのが第一の可能性である。もしそうなら、そのイントロンはグループⅡであるはずで、真核細胞特有のものではありえない。グループⅡイントロンをもったCOXⅢ遺伝子が核内へ移ってから後に、イントロンは真核細胞型に変化する必要がある。もう一つの可能性は、COXⅢ遺伝子は、核へ移る時点ですでにグループⅡイントロンをもたなくなっており、イントロンなしの形で核内のゲノムのなかへ入りこみ、そこで真核細胞型のイントロンを獲得したというものである。

詳細は省くが、緑藻の実験では移行の時期から考えて核内に入ったCOXⅢにはすでにイントロンはなかったと思われるので、核内のCOXⅢのイントロンは、核に移ってから入りこんだにちがいない。真核細胞では、核内で、どんどんイントロンがつくり出されているのである。

この実験からは、真核生物のイントロンは、進化の過程で、あとから付け加えられていったものとなるのだが、事はそうかんたんではない。原核細胞のもつグループⅡイントロンは自分の配列のなかに、自分自身をイントロンをもっていないDNAのなかにもぐりこませるメカニズムをもっており、増殖していくことができるとわかってきたからである。しかもグループⅡイントロンと真核型イントロンには構造上の類似性も認められるので、元をたどると根は同じかもしれないのである。

なぜこんなめんどうなことになっているのか。原核細胞と真核細胞の関係はどのようなものか。そもそもイントロンはどんな役割をしているのか。問いは続く。これを解明し、一見むだに見えるイントロンの本当の意味がわかり、そこから実用性も見えてくるかもしれない。生きもの研究は一筋縄ではいかない。

（二〇〇〇年初夏）

*

この連載を始めたころは、ゲノムなんて聞いたこともないという人が大部分だったのに、最近では、ゲノムというかけ声があちらこちらで聞こえる。

ミレニアム・プロジェクトが動いている。二一世紀の日本は、科学技術創造立国をめざすという方針のもと、研究開発への特別の予算がつき、そのなかでも生命科学は最重点課題になった。しかも、そのなかではゲノム研究に最も力を入れるという判断がなされた。ということは、これまでに紹介してきたようなアメリカとの競争（本当の競争になっているかというと怪しいのだが）に参加し、ベンチャー企業をつくり、経済を活性化するようにという国からの要望が出たということになる。

そこで、ゲノムという言葉が新聞でもしばしばとりあげられるようになったのだが、そうなればなるほど、すぐに役立つ話の少し外にあるゲノムの姿を知っていただくことの重要性を感じる。ゲノムの研究が進めば、生きものはとてもダイナミックなもので、多様であることがはっきりしてくるはずだからである。現在の様子では、特定の目的に向かった競争のなかに生物研究の成果まで組みこんでいかれそうであり、気をつけなければならない。生きものの本質を知るほうを先行させ、そこから独創的な発想を引きだすほうが応用にもよい影響を与えると思うのである。

そこで今回も、新聞ではとりあげられないゲノム研究の成果を紹介しよう。生きものの歴史の大きな流れを見ると、真核細胞の誕生こそ最も重要な事柄と思われると書いてきた。真核細胞は、私たちを構成する細胞であり、これが生じたときに人類誕生の可能性が生まれたからである。この評価は今でも変わらないが、これがそれまで存在した原核細胞を軽く見すぎることにつながっていたことを、ゲノム研究が始まった今、少し反省している。地球上に原核細胞の始まりとなる細胞が登場したのが、三八億年から三五億年前とすると、真核細胞が登場するまでの二〇億年は長い。その間、原核細胞だけが存在していた世界がどのようなものであったかが、ゲノム研究から少しずつ見えてきてみると、そこには、まさに生物の本質であるダイナミズムがみごとに実現していることがわかってきたのである。

ゲノム研究というとヒトゲノムに目が向けられるが、他の生物のゲノム解析も着々と進んでいる。とくに、ゲノムサイズが小さいバクテリア（原核細胞）では、全ゲノムが解析されているものが四〇種以上、現在進行中のものが七〇種ほどある。二〜三年先には一〇〇種以上がわかるはずである。[*] これだけのデータが出ると、それらを比較することで、ゲノムに関する情報がいろいろ得られる。

＊すでに述べたが、今、四万四〇〇〇種ほど解明されている。

まず、これまでに調べたゲノムのうち、最小のものは、マイコプラズマ・ゲニタリウムという動物への寄生細菌で、五八万七三塩基対という値が出ている。三〇億といわれているヒトゲノムの数と比べていただきたい。そこにある遺伝子の数は四六七、そのうち三〇〇ほどが細胞の増殖に不可欠なものとされている。この基本的遺伝子の実際のはたらきを見ると、第一は当然のことながらタンパク質合成関係（タンパク合成に必要なリボゾームやＲＮＡの遺伝子、タンパク質を膜に取りこんだり分泌したりする遺伝子など）、次いで糖を分解してＡＴＰを合成する遺伝子、つまりエネルギー生産関係の遺伝子である。それからＤＮＡの合成、転写の遺伝子と続く。ＤＮＡ、タンパク質、エネルギーが細胞を支えていることがよくわかる。

ここで興味深いのは、どのバクテリアにもあって基本的な遺伝子であると思われるのに、まだ何をしているかわからないものが三〇もあるということである。こうしてゲノムという生物のもつＤＮＡのすべてを解析するという方法は、わからないものを見つけ出すことができるおもしろさを秘めている。ここから何か新しい事柄が見つかるだろう。

寄生性でなく独立して生きていけるバクテリアのなかでいちばんゲノムサイズの小さなものは超好熱菌と呼ばれるもので、塩基対一五五万一三三五という値である。遺伝子数は一五二二、このうち四〇七はこの細菌特有のものなので、独立細菌に必要な共通の遺伝子は約一〇〇〇だろうと考えられる。マイコプラズマがもつ増殖に不可欠の三〇〇に比べてかなり多い。ここで加わった主なものは、複数の遺伝子が協調してはたらけるようにする制御遺伝子、環境からのストレスに対応するための遺伝子であり、制御が生きものらしさの基本であることがよくわかる。

実は、生物学でよく利用してきた大腸菌は、調べてみると細菌のなかでは最も大きなゲノムサイズをもつ仲間であることがわかってきた。四六三万九二一二という塩基対をもち、遺伝子数は四二八九。こうなると、栄養源として利用できる物質も多様化し、またさまざまな環境に対応して生きていける能力も加わっている。

こうしてゲノムを見ていくと、基本の一〇〇〇遺伝子に始まり、一五〇〇〜二〇〇〇の遺伝子をもつ仲間、三〇〇〇〜五〇〇〇の遺伝子をもつ仲間と、大きく三段階の変化が見られる。つまり、一つずつ遺伝子が変化していくというより、遺伝子セットとして大きく変化していく姿のほうが思い浮かべやすい。遺伝子が重複して増えていくのであろう。しかもこうして増えた遺伝子は、自分のなかだけにとどまっておらず、他の細菌に移っていくことがわかってきた。遺伝子の水平伝達（親から子への伝達は垂直）が思いがけず活発に行なわれているのである。大きく増えた遺伝子が他の細胞にも移り、それによって新しい能力が獲得されていくという進化の姿は、変異が起きて選択されるという受け身のものに比べてかなり積極的でダイナミックである。原核生物だけの世界もかなりにぎやかだったらしい。

（二〇〇〇年夏）

人間を考える

生きものについて知りたい、生きものはおもしろいといっても、実は心の奥底でやっぱりいちばん知りたいのは人間だと思っている。それはもちろん自分が人間だからであるが、それを抜きにしても、人間という存在は興味深い。

人間についての研究は、医学、人類学などでなされてきたが、生命誌の視点からヒトを見るとどうなるか、考えてみたい。

出発点としては、やはりすべての生物と共有する歴史のなかでの位置づけになる。繰り返し述べてきたように、三八億年ほど前に地球上に生命体が誕生し、そこから数千万種といわれる生きものたちが生まれ、そのなかで最後に登場したのが人類である。つまり、それまでの生きものの歴史の結集が人間であるともいえるわけだ。

実は、ヒトの起源については、化石をもとに**図左**のような系統樹が描かれていた。類人猿とヒトとは一五〇〇万年ほど前に分かれ、まったく別の道を歩いてきたと考えられてきたのである。ところが、ＤＮＡを分析してみると、オランウータンは確かに一〇〇〇万年前に分かれたが、ゴリラとチンパンジーは非常に近く、とくにチンパンジーは、ゲノムの九八%ほどがヒトと同じであり、ほんとうに近い仲間であることがわかってきた（**図右**）。こうなると、いったいどこが違うのだろうということが気になるわけで、現在ヒトゲノムの解析と並行して、チンパンジー・ゲノムを解析し、ヒトとの比較研究が始まっている。

その結果が待ちどおしいが、勝手な予測をするなら、どこかにヒトとまったく違う遺伝子があるのではなく、もっと連続的なものだろうと思う。現実の違いとしては、やはり二足歩行が大きい。立ち上がった結果自由になった手、しっかりした脊柱の上にのった大きな脳、そのなかでもとくに発達した大脳、さらに前頭葉が、ヒトの特徴である。

のどの構造がチンパンジーとは違い、鼻だけでなくのどでも空気の出し入れができるために、空気を吐くことができるようになった。のどが物の飲みこみ専用でなく息を吐くところにもなったため、子どもが落ちていたボタンを口にしてのどを詰まらせたとか、お年寄りがおもちをひっかけて苦しむとか、命にかかわる

DNAからみた霊長類の類縁

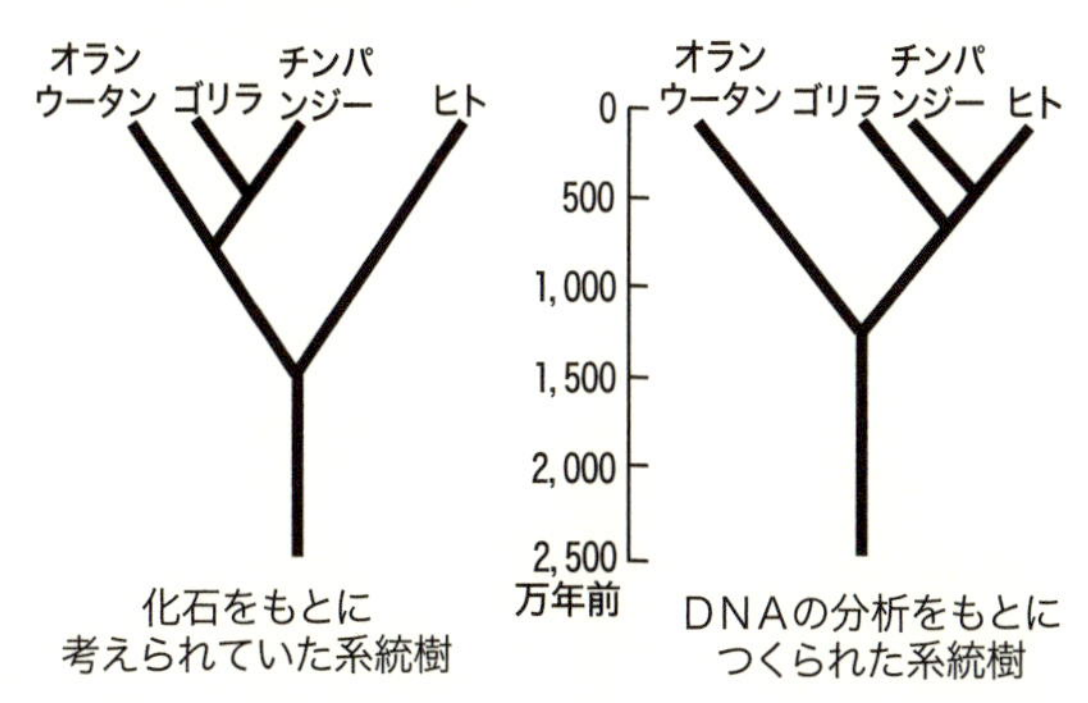

（長谷川政美『DNAに刻まれたヒトの歴史』岩波書店、1991、より）

事故があるわけで、このような構造の変化にはマイナスもある。しかし、空気が吐けるからこそ複雑な音声を出し言葉が話せるわけで、この恩恵の大きさを思うと、のどを詰まらせないよう注意をするほかないと思う。

二足歩行という行動は、それまで以上に視覚を必要とする。チンパンジーは森に暮らし、ヒトはサバンナへ出た。それが二足歩行につながったといわれており、当然そこでは遠くのものを見ることが重要である。顔面に二つ並んだ目は立体視ができ、空間をしっかり認知する。ここが基本的には重要なところである。視覚については色の認識も重要である。脊椎動物の誕生前に、目で光を感じるときにはたらく視物質の遺伝子が多様化した。赤を感じる視物質をつくる遺伝子がまず分岐し、次いでそれより短波長の紫、青、緑を感じる視物質遺伝子が生じた。その後に、とても弱い光を感じることのできる視物質の遺伝子が分かれてきたのである。

これだけの視物質があれば、カラフルな世界が見えるはずだが、哺乳類が現れた後、せっかく整った視物質の遺伝子のうち、紫と緑用の遺伝子を失い、二色性になってしまったのである。夜行性のサルの仲間には一色性のものもある。色を見る必要がないので消えていったということだろうか。幸い、ニホンザル、類人猿、ヒトになると、赤、青、緑の三色性になった。もし、一色性のままだったら、人間の暮らしもだいぶ変わっていただろう。

手、脳、言葉、視覚などが総合化されたものがヒトという生物の生き方を決めたといえる。ここから生まれたものをまとめて表現するなら、文化、文明である。このなかでやはり興味をひくのは脳であろうか。言葉も脳のはたらきとして考えられる。

そこで、脳の研究はとてもさかんである。アメリカが一九九〇年代の初めに「脳研究の一〇年」というスローガンを出したこともあり、そのころから日本も含めて脳研究への関心が高まった。日本は、ヒューマン・フロンティア・サイエンスという国際的な共同研究プロジェクトを立ち上げ、その重要な柱として脳研究をおいている。非常に興味深いけれど、生命誌の立場から見ると、少し気になることがある。やはり、人間への関心が中心になり、記憶、学習に始まり、意識、さらには精神という脳の高次機能ばかりに目がいってしまうのである。

脳は、体の他の部分が感じ取った外からの刺激を処理して対応するための場であり、決してヒトだけにあるものではない。外部刺激を受けとるとなれば、単細胞である微生物も、光やえさとなる物質の刺激を受けて、それを避けたりそちらの方向へ向かったりしている。多細胞生物のかんたんなものであるヒドラは、全身に神経系が走っており、これもまた外からの刺激を巧みに体中に伝えている。そして、プラナリア、ホヤの幼生などになると、脳と呼んでもよいような神経の集まった部分が生じ、頭を前に泳ぐという行動をとる。海底で生まれたホヤの幼生は、光に応じて海表へと泳ぎ昇っていくことが知られている。

このようなかで、どのようにして脳が複雑化し、そのはたらきと体の動きとがどうかかわるのか。さらにはそこから、前述したような高次の機能がどのように生まれてくるのか。基本から順に考え、そのなかでの人間の脳について考えていくと、人間だけを見ているのとはまた違ったものが見えてくると思う。

人間の特徴を考えようとすると、どうしても脳に目が向き、しかもそれは人間に特有のものと考えがちだが、これも生きものの歴史のなかにあるとして見ていこうというのが、生命誌の見方である。

（二〇〇〇年秋）

＊

たとえば、こんな事実がある。藻類——これは真核単細胞生物であり、人間を構成する細胞の始まりを知るうえで重要であることはすでに示した——のなかにレンズで光を集める目のような構造があるという報告がある。残念ながらこれが何をしているのかは解明されていないが、われわれの脳の機能として重要な部分を占める視覚を支えるみごとな構造をもつ目と同じようなものが藻の段階ですでに存在することは確かなのである。また、視物質の一つであるロドプシンは、バクテリアのなかにすでに存在し、光のエネルギーを細胞が利用できる化学エネルギーに変えている。ロドプシンといえば視物質、つまり視覚のために存在する分子と考えてしまうが、進化を追うならば、バクテリアが光という大事なエネルギーを有効に使うために存在した物質ということになる。視覚という脳に直接つながるはたらきも、大昔から存在した物質のありあわせ利用で支えられているのだと思うと、ふしぎな気持ちになる。

次に多細胞として最もかんたんな、イソギンチャク、クラゲなど腔腸動物のなかのヒドラの詳細な分析を見よう。大別して二層の細胞から成り、外側には、体の保護、感覚機能、捕食の役割をする細胞が並び、内側には消化細胞が並ぶ。こんなかんたんな構造のなかにすでに役割分担があり、しかも外側には外に必要にして十分なもの、内側には内にあって当然のものがあることに、改めて感心する。ところでここで注目したいのは神経細胞であり、外と内との間に存在する。これには二つの意味がある。一つは外と内を連絡するネットワークを形成し、体全体の動きを統合する役割のためである。もう一つは、神経細胞を外界とふれないところに保護しておくということである。

神経細胞は、電気シグナルを出して外側と内側にある筋肉様の細胞を収縮させて形を変えたり動いたりしているので、神経細胞をとりまくイオン環境が大事になる。人間の神経細胞にとってもこれは同じことで、あらゆる生物の神経細胞は、海水に似たイオン環境ではたらいている。おそらくこれは、クラゲやイソギンチャクが生まれ、神経細胞が生じたときの環境をそのまま保っているのだろう。

ところで、ヒドラは同じ腔腸動物でも淡水性である。もし神経細胞が外界と接していたら、生息場所を淡水に移せば細胞環境も淡水になってしまう。やはりここは、内部に海水環境を保ったまま別の環境へ移るほかない。逆にいえば、内部においたからこそ淡水という新しい場へと生物が出ていくことができたと考えられる。淡水のみならず、その後は陸上へも上がっていくわけだが、そこでも神経細胞をとりまく環境は海のままになっているのである。こういう小さな積み重ねが脳をつくってきたのかと思うと、他の生きもの、とくにかんたんな構造の生きものを見る目が違ってくる。

ヒドラの構造

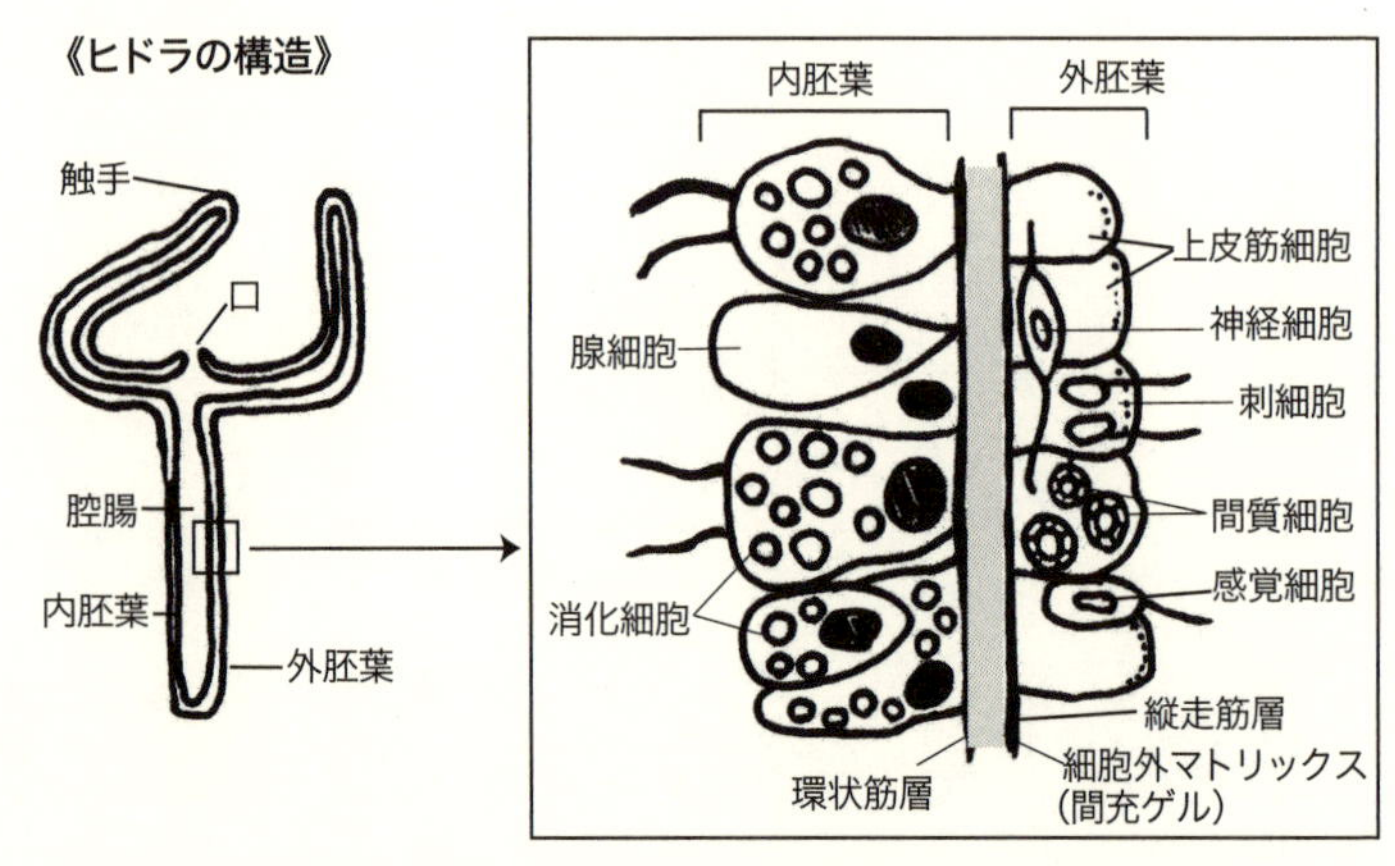

(B・アルバートほか、中村桂子ほか訳『細胞の分子生物学　第3版』教育社、1995)

ヒドラの段階では、神経細胞は一様に体中に分散しているだけだが、進化が進むと、神経細胞が一カ所に集まった中枢、つまり脳が生まれてくる。脳が登場したのがいつか。これは興味深いテーマだが、まだ完全な答えはない。進化の歴史のなかで節足動物と脊椎動物の大きな枝に分かれる以前の段階で、その始まりを模索する研究が行なわれており、近年プラナリアの前部に神経細胞が集まっているところで、人間の脳と同じ遺伝子がはたらいていることがわかってきた。おもしろい。

もう一つ、脳の発生を追い、そこから脳の始まりを見ていくと、興味を引く生きものの一つがホヤだ。脳の発生を追うと、まず神経管という構造ができ、その前方が膨れて脳ができていくのがわかる。そこで気になるのが神経管の登場であり、ここで六億年ほど前に地球上に登場した原索動物であるホヤに目が向くのである。ホヤといえば多くの方がご存じなのは、もちろん成体であり、これは海底の岩にくっついて動かない。しかし、卵から生まれたばかりの幼生は、私たちが見慣れたオタマジャクシと似た姿で尾をふって泳ぐ。

ホヤの神経管は、ヒドラの図でいうと外側の細胞になるべき外胚葉由来の上皮細胞が円筒形に巻いたものである。この細胞が各部分でそれぞれ独自の増殖と分化をしていき、とくに増殖のさかんな部分が、神経細胞、グリア細胞から成る脳になっていくのである。これは、ヒトでもトリでもホヤでも同じであり、基本は六億年以上前にできていたことになる。もちろん、ホヤの場合、神経管はかんたんで、神経体節が一つであり、その後の進化の過程で神経体節が重複し複雑化していくわけである。神経体節が重なれば、それぞれの体節で特徴を出すことができ、新しい機能を獲得していくことになる。サカナ、トリ、哺乳類という変化のなかで、運動をつかさどる小脳が発達していく過程が少しずつわかってきている。

体づくりの基本である体節についても、基本的な体節があって、その数が増えると同時に各部分がそれぞれの生物に特有の機能をもつものに少しずつ変化していったということを思いだす。さらにさかのぼれば、ゲノム自体が、最初は小さな遺伝子セットであったのに、それが重複を繰り返して新しい機能を獲得してきたことにも思いが至る。脳でもこれが起きている。この〝繰り返し〟こそ、生きものづくりの基本といってよかろう。

（二〇〇〇年冬）

生命誌から二一世紀を考える

生命誌というテーマで、ゲノムを通して生きものを見てきたが、最後は、二一世紀に向けての生命誌のもつ意味という、ちょっと大げさな話でくくりたい。

日本は、二〇世紀の終わりにあたり、議員立法で「科学技術基本法」を成立させ、二一世紀は科学技術創造立国でいく、という方針を出した。二〇世紀も科学技術の時代だったではないかとお思いだろう。確かに、自動車、ジェット機、新幹線、テレビ、ファックス、コンピュータ、数々の家電製品、プラスチック、抗生物質、多くの医療技術と、いずれも二〇世紀の科学技術で生まれたものばかりだ。しかし、これらの多くは、日本にとっては、技術というより産業の対象だったといえる。もちろん日本独自の改良技術はあっても、日本が率先して基礎研究から始めたものはあまり多くない。二一世紀は基礎から取り組もうということで、重点分野としてあげられているのが、情報、ライフサイエンス、環境、ナノテクノロジーである。妥当な選択だろう。ライフサイエンスが重点の一つとされ、しかも、時には二一世紀は生命科学の時代だという声も聞こえてくる。そこで、具体的にはどんな技術を開発するのかということを見ていく必要がある。

ところで、ここで具体に入る前に、基本的な問いを出しておきたい。二一世紀はどのような社会であることを望んでいるのかということである。実は先日も「科学技術は社会をどう変えるか」というテーマを与えられたので、これは違うのではありませんかと申しあげた。これでは、科学技術がどこかから降ってきて社会を変えるかのような印象で無責任極まりない。科学技術は、人間が考え人間がつくるものであり、自分たちの求めによってそのありようを決めていくはずのものである。しかし、現状では、多くの人が自分とは無関係と考えているのが実情である。科学者や技術者という、特別な人が勝手に事を進め、時にはとんでもないことまで始めることさえあるという受けとめ方である。このありようを変えていかなければ、社会をよい方向へはもっていけない。とくに、生命科学については、これまでにも何度も述べてきたように、人間自身が生きものなのだから、すべての人が自分のこととして考えられるはずである。

二一世紀はどのような社会にしたいのか。国のプロジェクトでは生命科学の目標は「健康で安心して暮らせる高齢化社会の実現」となっている。一応納得できる。ところで、そのためのプロジェクトとしてあげられているのはゲノム解析と再生医療（胚幹細胞と呼ばれる、生体外での処理によりさまざまな臓器や器官になる細胞を培養して必要な臓器を再生させ治療に用いる）、イネゲノム解析を基礎とした作物の品種改良などである。確かに、脳死者からの臓器を待つ現在の移植は緊急避難であり、臓器の再生ができるのは望ましいし、ゲノム解析データは役に立つだろう。しかし、このような研究を支えているのが、人間を機械のように見て部品交換をするような生命観であるとしたらそれは問題であり、研究と同時に生命を基本に考えるような価値観の方向づけが大切である。

国家プロジェクトは、当然のことながら政治と経済がからむ。とくに米国を意識した競争と産業化への要求のなかでの研究であるだけに、対象にしているのが生きものであり、人間であることなど忘れさせる雰囲気が出ているのは否めない。つまり、二一世紀は生命の時代だという掛け声は、必ずしもこれまで述べてきたような、人間も長い歴史をもつ生きものの一つであり、一つ一つの個体にその歴史の重さが刻みこまれているのだという見方とつながるものではないところに大きな問題がある。

このなかでの競争という流れは、政治、経済、科学技術の専門家の間ではすでにできてしまっている。これをそのまま認めるか、それとも方向転換を求めるか。社会としてそれを考える必要がある。そこで、多くの人は「生命倫理」でそこに歯止めをかけようという提案をしているのだが、私はその考え方をとらない。その理由は二つある。

一つは、今の科学技術の流れには大きな力があるので、国際競争、産業の活性化などのかけ声をそのまま認めるなら、〝生きものらしく〟という価値判断は社会から消えていくばかりだろうと思われるからである。生きものへのまなざしのないところで、生命倫理という歯止めをかけても、社会全体は生命を基本にした価値をもつものにはならず、常に問題は残る。

第二に、倫理が必ずしも歯止めにならないという例が多いのである。たとえば、私は生命誌の立場からクローン人間の作成は無意味だと思うが、倫理の立場からヒト・クローンを作成してはならないという答えが引き出せるかというと、それは難しい。体外受精は神様の意思に反する行為だという宗教的判断をすれば、その延長上でクローンも消えるが、日本では夫婦間以外の卵子と精子を組み合わせた体外受精を社会が認めている。そこで、男性どうしのカップルが子どもとしてクローンを求めたときにそれを拒否できるだろうかという問いが生まれてくる。

私は、生命誌の考え方を基本に、社会の価値観を生命の論理に近いほうへ移したいと考えている。科学技術を機械の論理で進めておき、そこに生きものの側からなんとか歯止めをかけるというのではなく、新しい考え方で、生命に合った新しい技術に挑戦したほうが未来は明るくなると思うのである。

たとえば、二〇世紀の大きな発明である自動車は、個々については燃費の改良、さらにはハイブリッド車の開発などの努力がなされている。しかし、人間の移動や荷物の運搬の手段として考えたときに、本当に自動車がよいのだろうかという問いは出てこない。細胞内には情報や物質の運搬のためのハイウェイがはりめぐらされ、調節された動きがある。一つの街とも見える。このようなシステムが人間の街にもできないか。そんなことも、安心して暮らせる社会づくりの一つであり、生命の時代という言葉の具体化の一つである。

(二〇〇一年新春)

＊

安心して暮らせる社会づくりのために生命の時代を考えたいという言葉で終わったあとで、ある保育園の園長さんから、お電話をいただいた。「子どもたちのお母さんが、常に不安がっていてどうしたらよいかわからない」とおっしゃるのである。いつも自分の子どもを他と比べて、競争に勝っているかどうかが気になり、ベテランの園長さんが、子どもたちに人間関係の大切さを教えようとしてグループ保育をしていると、そんな生ぬるいことで大丈夫かと詰問されるらしい。競争に勝つとどんなよいことがあると思っていらっしゃるのですかと聞いてみたが、それはわからない、とにかく競争に勝っているという状態でいたいというだけだとのお返事が返ってきた。何だか恐ろしいことになったものだ。

二一世紀はどのような社会であることを望むのか、そのために自分は何をするか、子どもをどういう人間にしたいかということは考えずに、何だかわからないけれどとにかく競争に勝っていたいというだけらしい。そんな気持ちで、しかも不安がいっぱいの親に育てられた子どもたちのつくる社会はどうなってしまうのだろうと、こちらが不安になる。

園長先生が私に電話をかけていらしたのは『科学技術時代の子どもたち』という著書をお読みくださってのことである。そこでは、二〇世紀の競争型科学技術が基本としてきた価値観を生命のほうに向けようという提案をしている。そこで疑問視した価値観は「効率至上主義」「何にでも正解があるという信仰」「すべてを量で測る考え方」の三つである。改めて説明するまでもなかろうが、この三つほど〝自然〟〝生命〟と合わないものはない。それだけではなく〝科学〟とも合わないと私は思うのだが、科学技術優先のこの時代には科学もこのようなものと決めつけられている。

たとえば「何にでも正解がある」というときの正解を出すのが科学だとされている。けれども、これは次の二点で間違っている。第一は、科学の醍醐味は、ある答えを出したからといってそれで終わるものではなく、次に必ず問いが続いているところにある。こうして自分の世界が次々と広がっていき、人間をも含め宇宙のすべてのもののつながりができていくところがおもしろいのだ。第二は、自然は科学が唯一の正解を出し、すべてを矛盾なく説明するというようにはできていないということである。科学は、ある前提条件を決めたうえで、さまざまな現象を上手に説明し、その知識を利用して技術を生み出せるすばらしい力をもっていることは確かだ。しかし、調べれば調べるほど、自然や生命には本質的に矛盾があることがわかってくるのであり、それをおもしろいと思えるようになるのであり、終わりはない。

ここであげた二点は、科学の本質であると同時に、自然の本質でもある。つまり、つながりの大切さと矛盾の存在だ。神話、民話、おとぎ話などが、すべてつながりと矛盾に満ちているところからして、人間は自然や生きものの本質が直観的にわかっているのだろうと思う。だから、古代の人や子どもはそれをスポッとそのまま受けとめているわけである。ところが、文明時代の大人はそれを非合理として否定するように教えられてきたので、科学に唯一の正解を求める。しかし、生きものの研究をしていると、むしろつながりと矛盾が浮かびあがり、それを改めて自分のなかに取り入れることの重要性がわかってくるというのが、私の実感である。

科学技術時代の価値観のなかで競争に勝とうとしてそのために不安になり〝癒やし〟などという訳のわからないものを求めるのでなく、生命、自然に向き合って常に問い続けることに価値をおき、矛盾をも組みこむ心の広さを手にしたら暮らしやすくなるのにと思う。生命誌から二一世紀を考えたときのメッセージである。

生命が矛盾の塊だということは、あらゆる側面で出てくるが、最も日常的なところで見てみよう。まず、私たちは生命ほど大切なものはないと思っている。確かにそうだ。そこで大切にしようとして、いつまでもそのままにしておけるのなら事はかんたんである。大事な宝物はなくならないようにしまっておけばよい。ところが、生きものはどんどん変化し、ついには死を迎えることを私たちは知っている。必ずなくなってしまうのである。

しかも自分が生きようとすると、他の生きものの生命を奪わなくてはならない。生命は大事だと言いながら他の生命を奪うようにできているというのもおかしなものだと思うが、そうなっているのだからありがたいと思いながらいただくしかない。ベジタリアンだって植物の生命あっての自分の生命であり、生命をいただいている点は同じである。そのようにして、一つ一つの生物が自分と次の世代のために懸命に生きていくと、結局はさまざまな生物の間に共生関係が生じてくるというのもおもしろい。お互いに相手のことを慮(おもんぱか)っているわけではないのに、結局一人勝ちはなく、多様なものがそれぞれの生き方をしていくことになるのである。

一言で言ってしまえば、生命の世界はきれいごとではすまない世界なのである。保育園のお母さんたちに伝えたい。生命に目を向けたからといって、すっきりとして不安が消えるわけではないけれども、一人勝ちをめざしての競争に勝ちたいというだけのための不安、その先にどんな社会があり、お互いのつながりがどのようになっているかを想像することなく陥る不安に比べると、何とも豊かな不安であるということを。

生命を基本に考えるとは、想像力を豊かにするということに尽きる。三八億年前に生まれた小さな生きものから始まって今に続く生きものの世界をよく見つめ、考える生命誌は、想像力の源となる。そして今、最も必要なのは、過去、未来、他国の人、他の生物などの位置に立ったらどうなるか想像できる力ではないだろうか。そこからは豊かな創造力が生まれ、豊かな未来をつくることができるにちがいない。

（二〇〇一年春）

〈幕間〉巨大防潮堤に疑問――自然を離れた進歩なし

「あの日」から五年がたつ。警察庁の二月の発表によると死者は一万五八九四人、行方不明者は二五六二人。いまだに仮設住宅で暮らしている方が、六万七八四人（一月現在、復興庁まとめ）という数字を見るだけでも、被災地の問題は今も続いているとわかる。一人一人の方が普通の暮らしができるように、国や地方自治体はもちろん、みなの努力がまだまだ必要だ。

そう思いながら仲間と話していると、必ず出てくる言葉がある。「あの日大きな衝撃を受けて、これから社会を変えなければいけないって思ったし、大勢の人がそう言っていたね。でも、みんな忘れちゃったみたい。忘れないつもりでいても一人では変えられないし……」。私も同じ気持ちである。

「あの日」、私はとくに科学技術について考えた。それらを発展させ、自然から離れた便利さのなかで暮らすことが進歩だと一般的に考えられてきたが、対抗できないほどの力をもつ自然が近くにあることを嫌というほど思い知らされたからだ。原子力発電所は、地震や津波を意識せずに建設してはいけないとはっきりした。それなしに安全性を語っても無意味だ。防潮堤についても同じで、力で対抗しようとしても自然にはかなわない。

科学技術を否定するつもりはない。ただ、人間は自然のなかにいる生きものというあたりまえのことを忘れ、自然離れを進歩と考えてはいけない――生きもの研究が専門の私は、長い間このように考えてきたが、そうではない社会の動きを変えられないという無力感も抱えていた。

これで変わる。「あの日」はそう思った。しかし結局変わらなかったと、無力感がふくらんでいる。たとえば防潮堤。先日福島県いわき市の海岸で、海がまったく見えず潮の匂いも感じさせない巨大な防潮堤を目の当たりにした。地元の人は、日ごろ海が見えなければ危険の察知は難しいと嘆いていた。被災直後、私は樹木を生かした「森の防潮堤」の提案に関心をもった。その後、強度、樹木の育成・維持などの問題点が指摘され、そのままでは実現が難しいことが見えてきたが、その考え方まで捨てることはない。

住む人々の暮らしと、それを支える町づくりがあってこその防災だ。緑とコンクリートを対立させ、巨大な防潮堤を造ってしまうのは間違いだと感じる。さまざまな分野の専門家の知恵を生かし、時間をかけて考えれば、地域の自然に合った答えが見つけられたのではないかと残念だ。新しい方向を探ることを止めてはいけない。

原発の事故処理についても考えさせられる。事故時にこそロボットが活躍するだろうという素人の期待は裏切られ、防護服に身を固めた人の力に頼るほかない状況に、科学技術立国の偏りを感じた。汚染水処理もすっきりしない。廃炉へ向けての作業で、新技術を用いて二号機の炉心溶融がやっと確かめられたが、落ちた燃料の所在はまだわかっていない。放射性降下物については、田畑や森林とそこで育つ作物・家畜の汚染の解明に研究者の努力が続いており、正確な情報を通して住民の健康を守る実例にしてほしい。

技術ありきでなく、自然とそこに暮らす人から始まる技術にしよう。社会の変化の第一歩をここに求めたい。

（二〇一六年三月一一日）

第４部　「ライフステージ社会」の提唱

「ライフステージ社会」の提唱

新しい社会への提案——幻の「田園都市構想」と「ライフステージ社会」

二〇世紀が創りあげた現代文明社会をふまえてこれからの社会を考えるとき、新しい技術をどのように使っていくか、時には使わない決心までするかという判断が重要であり、その基本になるのは「世界観」です。現代文明を支えているのは近代科学がもつ「機械論的世界観」であり、生命誌は「生命論的世界観」のもとに組み立てる知です。

このように言うと、欧米が機械論であり、東洋は生命論なので、西洋から東洋へという転換が必要であるという見方が出されます。しかし、物理学を学んだ後、哲学者になられた大森荘蔵先生は、そうではないと指摘されています。ここで考えなければならないのは近代科学の世界観とそれ以前の世界観だとおっしゃるのです。近代科学技術文明が地球全体を覆う前は、ほとんどの社会が「生命論的世界観」をもっていたことを忘れてはいけないという教えです。日本、西洋、東洋という区別をせずに、現代の科学技術文明について考え、そのなかで生命に目を向けることが大切だということです。つまり、あらゆる社会の底にある普遍的な価値を検討しようということです。

実は大森先生は、科学から見えてきた世界を「密画」、日常見ている世界を「略画」と呼ばれ、科学を否定することなく「密画」と「略画」を重ね描きすることによって生命論的世界観をもつことができる、というすばらしい示唆を与えてくださっています。本書の「はじめに」で少し紹介した、大事な視点です。

効率一辺倒の社会のなかで、GDPだけを追い求めることを支えてきた機械論的世界観を生命論的な考え方に向けた社会づくりをしたいという気持ちから最初に行なったのが「ライフステージ社会」の提唱です。これは通産省（現経産省）の研究会でした（一九七九年、財団法人日本科学技術振興財団「ライフステージの最適化技術に関する調査研究」——ライフステージ・コミュニティの提唱）。通産省といえば、産業の発展を支える科学技術振興を重視していますから、自然・生命とは最も遠いと思っていましたが、先端を見ているからこそ新展開を求めていることを知って、私もここで現実に近づけたいと真剣に考えたことを今も思いだします。

一九七〇年代初めの第一次石油ショック後に、通産省は次世代のエネルギー問題を考え、一九七四年に「サンシャイン計画」を立てました。太陽光、太陽熱を活かす自然エネルギーの活用です。続いて一九七八年には、廃棄物をエネルギーに換える「ムーンライト計画」、さらには環境政策と協調しながらエネルギーを開発するプロジェクトというように総合的な視点で、一九七〇年代から一九九〇年代にエネルギー計画を立てていきました。一九九三年には、「ニューサンシャイン計画」（エネルギー・環境領域総合技術開発推進計画）も出ました。

これを書きながら、世界に先駆けたこのコンセプトをどんなに苦労してでも実行に移していれば、今ごろ、エネルギー問題でドイツに学ぶ必要などなかったのにと残念です。企業を中心に開発したみごとな省エネ技術をもっていた日本ですから、世界に冠たるエネルギー先進国になっていたと思います。構想はすばらしかったのに具体化ができなかった例であり、残念です。欧米に学んだ科学技術開発の優等生であり、同時にすばらしい自然をふまえた文化をもつ日本こそ、二一世紀の地球での生き方を考える力があると信じています。実行に向けて動きたいものです。

そのような思いで、一九七九年に提案した「ライフステージ・コミュニティ」は、今も通用する構想だと思っています。一人一人の人間がその一生を思いきり生きることを基本におき、それを支えるエネルギー、産業、社会を考えました。石油ショック後、「情報」と「ライフサイエンス」が大事であるということになり、政策会議にコンピュータ分野から石谷久さん、「ライフサイエンス」から私が呼ばれました。まだ三〇代でしたが、与えられた機会を生かし、生命科学で考えていたことを社会につなげるにはどのようにすればよいかを考え、「時間」と「日常」の大切さを基盤に提案したのが「ライフステージ社会」です。

経産省のなかにその考え方はおもしろいと言ってくださる方がいて、それを具体化するプロジェクトが始まりました。三〇代の私が中心になるわけにはいきませんから、林雄二郎先生（トヨタ財団専務理事）に総括をお願いし、委員長は慶應義塾大学医学部の立沢寧先生が引き受けてくださいました。具体的な骨格は私が提案し、みなさんに意見をいただき、報告書を書きました。

ライフステージ社会は、当時大平正芳首相が出されていた「田園都市構想」と重なるところがありました。ですから具体化も夢ではないと思ったのです。けれども大平首相が一九八〇年に急死なさったために田園都市構想は消え、ライフステージもともに消えてしまいました。本当に残念です。

実は、それから二〇年ほどたった一九九八年、大平内閣の官房長官だった小渕恵三氏が、首相になられ「田園都市構想」を生かしたより新しい構想を求められました。小渕首相も田園都市構想が消えたことを残念に思っていらしたのです。心理学者の河合隼雄先生が全体をまとめ、山崎正和（劇作家）、川勝平太（歴史学者）、五百旗頭真（政治学者、『戦後日本外交史』編者）、三善晃（作曲家、桐朋学園音楽大学学長歴任）の各氏ら、多彩なメンバーの議論は楽しいものでした。私は「社会」という分野の責任者となって、今度こそと思い真剣に考えました。

ところが報告書を書き、総理大臣官邸で打ち上げの夕食会をした直後、小渕首相が倒れられたのです（二〇〇〇年）。不幸な偶然が重なり、再びお蔵入りになったのは、かえすがえすも残念です。

ライフステージ社会とは何か

考えるべき問いは、「生命科学の切り口で考えた場合、どのような技術開発があり、その結果どのような社会がつくれるか」です。それに対する答えを、「自然と調和し、一人一人の生活を心身ともに豊かにし、一人一人の積極的社会参加を助ける技術開発」としました。これを国の政策に結びつけるために考え出した切り口が、一生を胎児期、乳児期、幼児期、学童期、思春期、青年期、壮年期、老年期を経過するものととらえる「ライフステージ」という視点です。

社会には多様な人が暮らしています。性や職業などが違えば、社会に求めることは異なります。そこで、すべての人に共通な切り口を探し、赤ちゃんから老年へという過程を経ない人は一人もいないと考えました。幼児、働きざかりの壮年、老人などのそれぞれを支える政策をとり、それを可能にする技術を開発していけば、すべての人が暮らしやすい社会になるはずです。

詳細を語る余裕はありませんが、「ライフステージ・コミュニティの提唱」としてプロジェクトメンバーの知恵を結集して描いた図を載せます（図1）。四〇年ほど前の提案ですので、とくに財政的基盤の部分など制度の変化もあってこのままで答えとなるものではありません。ただ、このように一人一人の人間の暮らしをまず考え、その人々が構成するコミュニティのありようを考え、それを支える技術はどのようにあったらよいかを考え、それにはどのような資金をどのように活用す

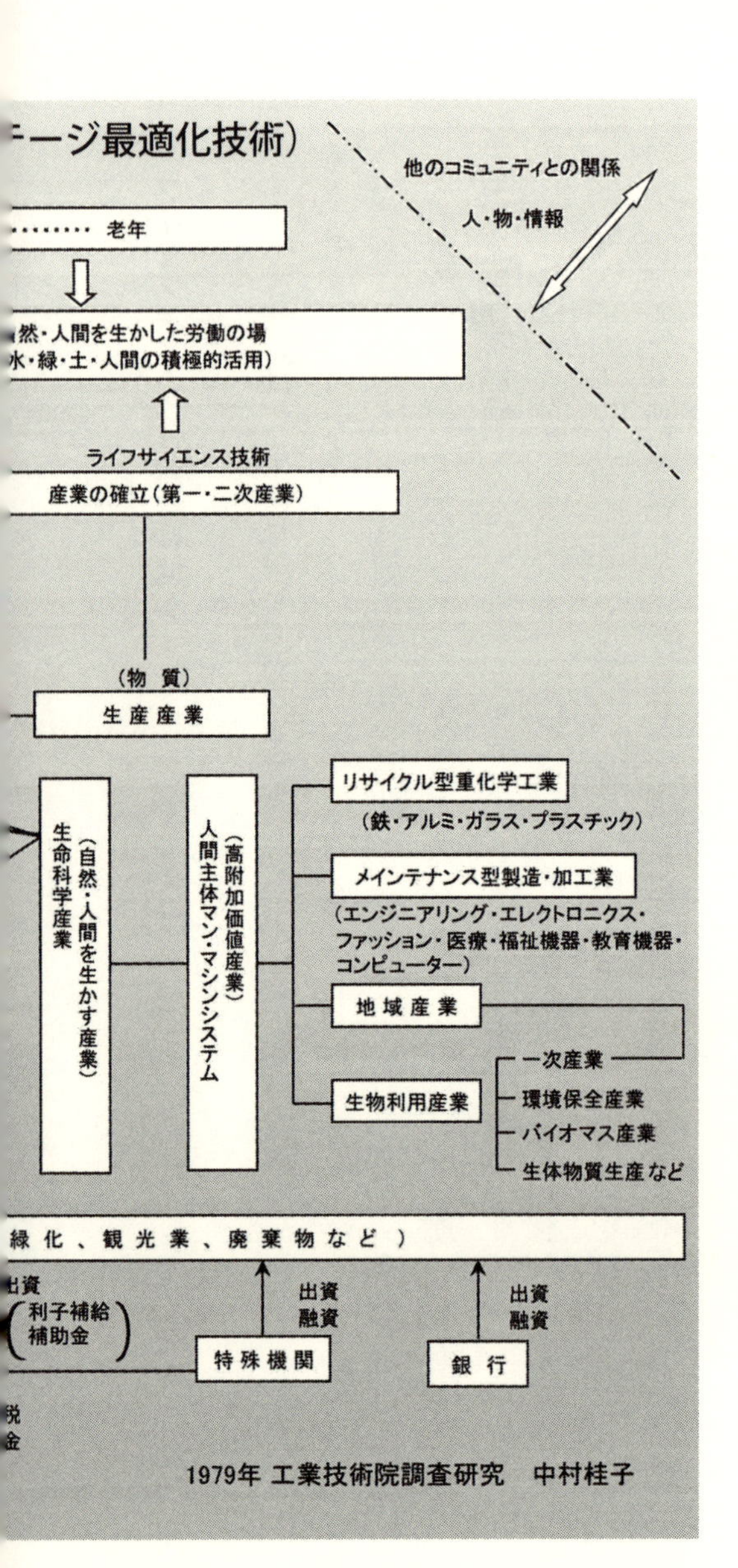

ればよいかを考えるという順番が、暮らしやすい社会づくりの基本であることは今も変わらないはずです。また、ライフサイエンス技術としてまとめた生産技術は、いわゆる生物利用技術だけに限りません。図にもあるように、自然を生かすこと、人間主体であることを基本においた高付加価値産業が必要です。

近年、「少子・高齢社会」「一億総活躍時代」「男女共同社会」など、一人一人の暮らしのありよ

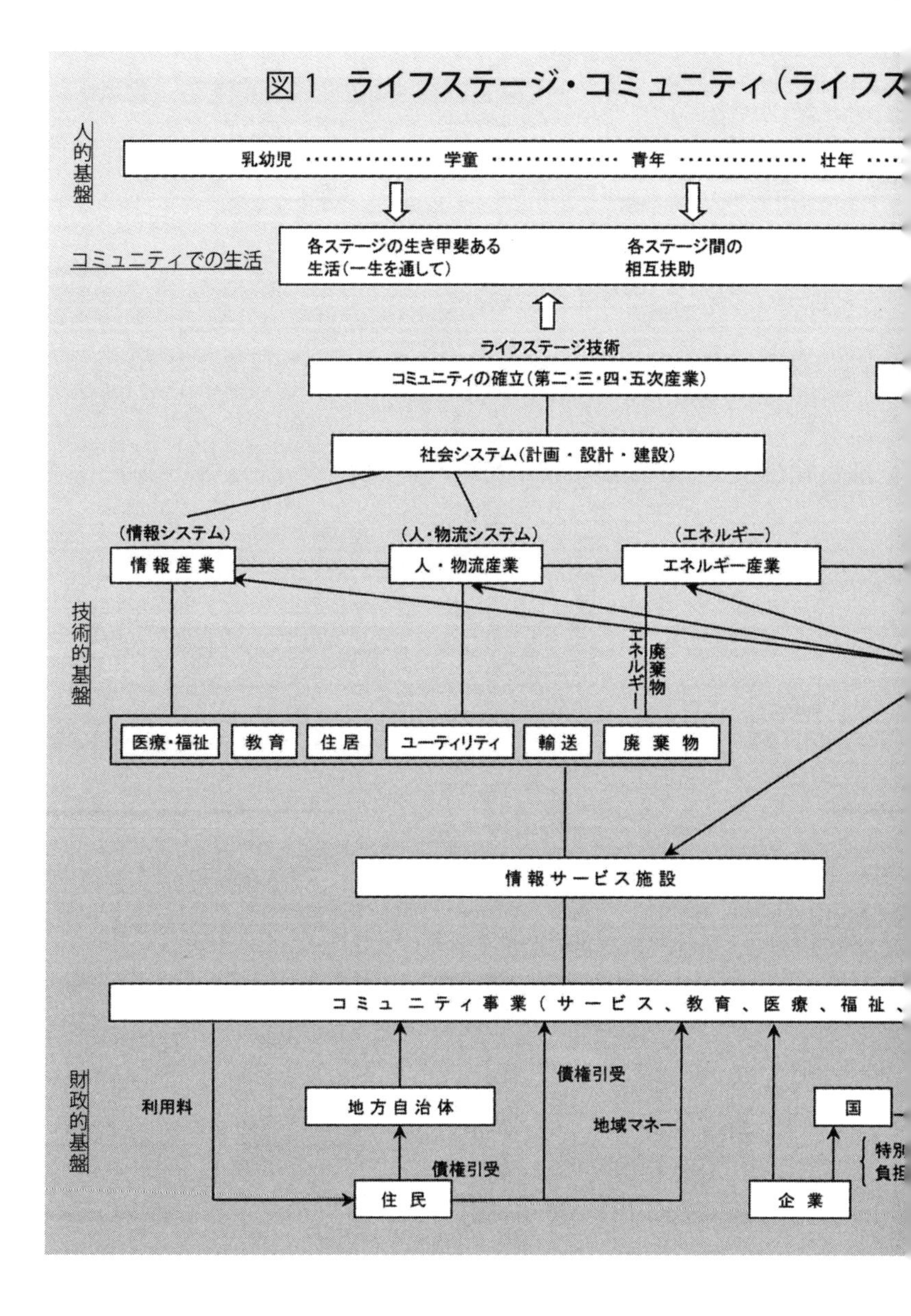
図1 ライフステージ・コミュニティ（ライフス
人的基盤
乳幼児
学童
青年
壮年
コミュニティでの生活
各ステージの生き甲斐ある
生活（一生を通して）
各ステージ間の
相互扶助
ライフステージ技術
コミュニティの確立（第二・三・四・五次産業）
社会システム（計画・設計・建設）
（情報システム）
情報産業
（人・物流システム）
人・物流産業
（エネルギー）
エネルギー産業
技術的基盤
エネルギー
廃棄物
医療・福祉
教育
住居
ユーティリティ
輸送
廃棄物
情報サービス施設
コミュニティ事業（サービス、教育、医療、福祉、
財政的基盤
利用料
地方自治体
債権引受
地域マネー
債権引受
住民
国
企業
特別
負担

うから社会全体を考える必要が増していることを示す言葉が浮き彫りになっています。しかし、現実に社会のありようを決めているのは、まずお金と、お金を生みだす技術であり、「ライフステージ・コミュニティ」の提案とはまったく逆の流れになっています。そしてそれは格差社会という最も好ましくない状況を生みだしています。お金から始まる発想は暮らしやすい社会づくりにはつながりません。

格差社会につながる一つに、東京一極集中の問題があります。ライフステージ・コミュニティは、単位として人口約一万人（二小学区、一中学区）ほどを考え、その集合体として一〇万人（二高校区、コミュニティセンターなどの諸施設など）を考えます。それらが集まった県は、二〇〇万人ほど、そこに約六〇万人ほどが暮らす中核都市があるという姿になります。このような分散型で、地域の特徴を生かした暮らしやすさを発想の基本とすると、おのずと地方創生になります。図の細部を眺め、よりよい提案を考えていただきたいと思います。

このような社会の具体化を支えるのは、最初に述べた「生命論的世界観」です。具体的に**図2**で考えます。機械は人工・効率という言葉とつながり、生命は自然・ゆとりなどを思い浮かべます（もちろん自然は複雑でゆとりだけではありませんが、象徴的に）。そこでこれを軸にします。

縦軸は時間（過程）の軸であり、下方が〈ゆとり〉、上方が〈効率〉です。横軸は空間のとらえ方で、右へ行くほど〈普遍性〉が増し、左へいくほど〈多様性・地域性〉が増します。普遍性は人工世界であり、多様性・地域性は自然に近い世界といえます。この軸で四つの象限ができます。現

図2　社会と科学技術

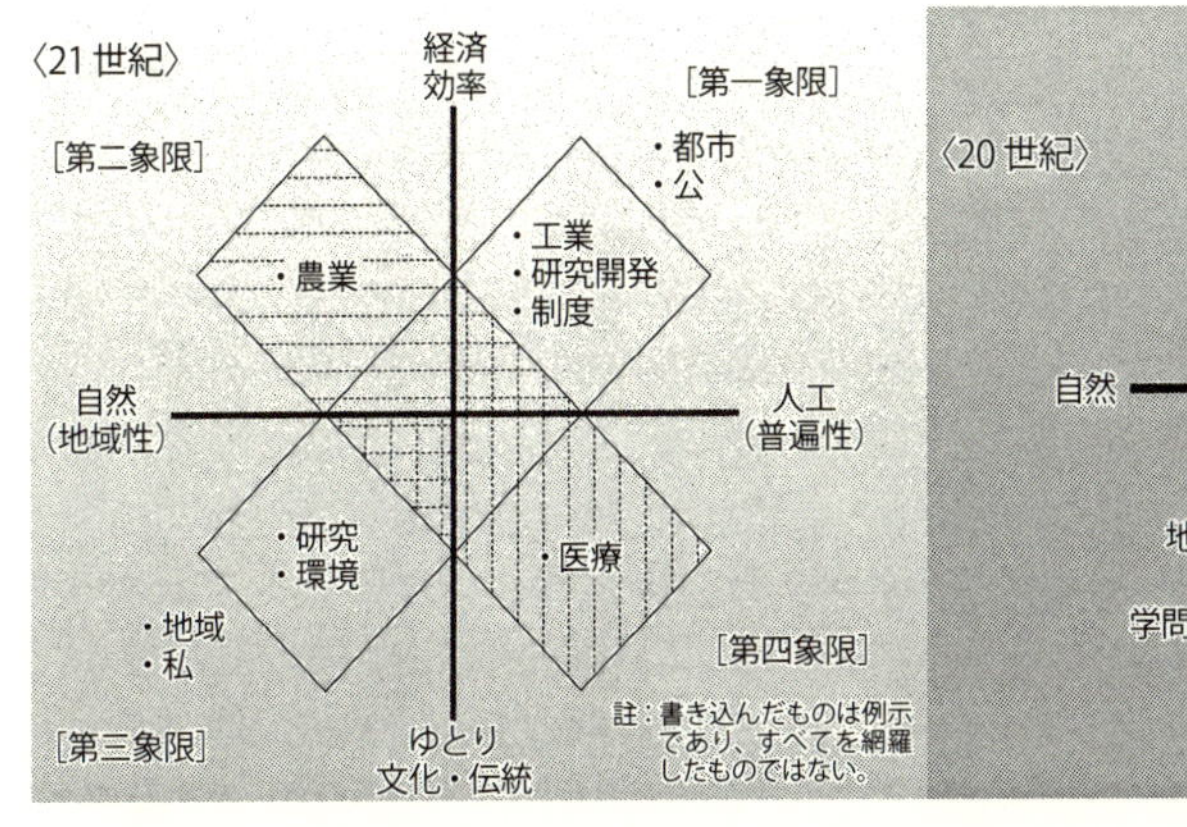

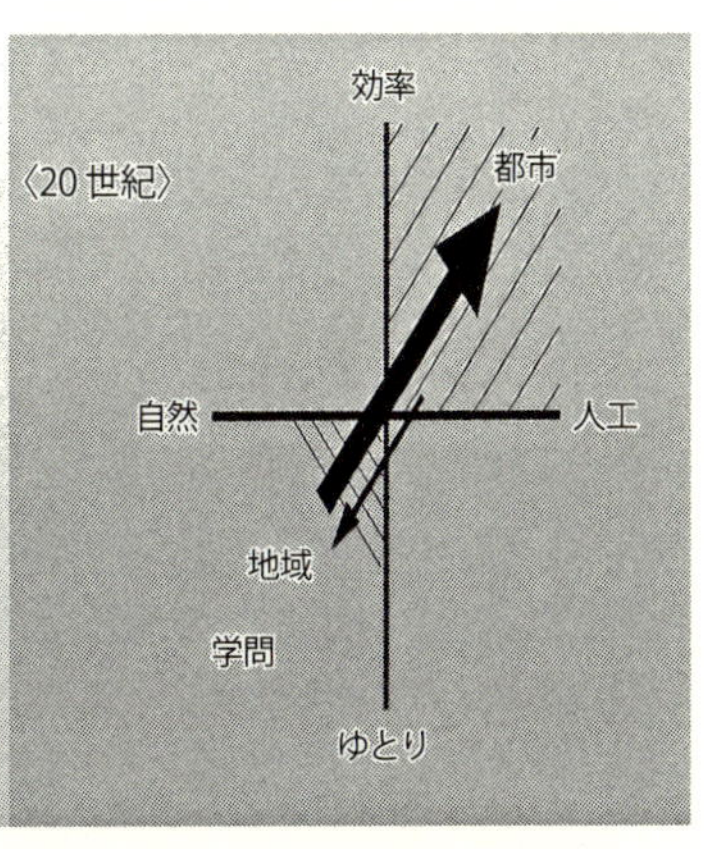

代の象徴である都市社会は、人工的であり効率を求める、つまり第一象限です。そこで忙しく働き、疲れたらときどき自然のなかに入ってゆとりを求める生活が現代です。疲れたら入るのは第三象限、ゆっくり温泉を楽しむのもよいでしょう。このように現代は、日常は第一象限、心や体を休めるのは第三象限と、この二つで暮らしています。しかもほとんどは第一象限にいるわけです。

工業生産は効率を求めますから、第一象限にあるのはよくわかります。しかし、同じ産業でも農業はどうでしょう。これを第一象限におくと、効率が悪く、経済性がないと評価され劣等生になってしまいます。ここで図を眺めると、第二象限と第四象限があることに気づきます。現代社会は、ここにはまったく目を向けていません。産業は第一象限と思いこみ、そのなかで農業を評価し、否定的に見ているのです。

ここで農業は自然が相手だというあたりまえのことを思い起こしてみます。大勢の人を支える食料を生産するのですから効率を求める必要はあり、自然を上手に使って品種改良をし、機械の改善で収穫を上げる努力がなされます。しかし一方で地域性を生かし、特産品としての付加価値を高めることも重要でしょう。日本の果物は世界からも注目される高品質です。このように考えると、農業は第二象限におくのがふさわしく、その特徴を生かすことで産業として良質になるといえます。第一象限で工業と闘うものではないのです。

ここで、農業を横向きの点線で表現します。主力は第二象限ですが、第一象限と第三象限にも一部存在し矢羽根のような形になります。第三象限はゆとりをもって行なう農業です。休日に近くの貸し農園や自宅の菜園などで楽しむ農業がその一例です。高齢者が故郷へ戻って自分の食べるものをつくるという農業も第三象限でしょう。穫れたての野菜を都会の子どもたちに送れば、喜ばれます。食べものづくりの本来の姿です。

一方、都会で食べる葉物野菜などは、遠くから運んでくるよりは、都市型の農業として植物工場などで人工的につくるほうが全体のエネルギー消費として小さくすみ、しかも新鮮なものが食べられることになるのではないでしょうか。これは第一象限です。つまり農業は、主体は第二象限であり、第三象限にも第一象限にも小さな形で存在する産業となります。むりに効率を求め、工業化し、人工化して農業を第一象限へおくと、大量の農薬を使ったあげくに土地が疲弊したり、環境問題を起こしたりすることになります。その結果農業そのものが発展性を失うのです。

次に医療を考えます。医療は人工的なものであり、その面では第一象限のようですが、この分野にはゆとりが必要です。ゆったりとていねいな対応であってほしいと思います。そこで医療は、基本的に普遍性とゆとりに囲まれた第四象限にくるのがふさわしいでしょう。こちらは縦の点線で表現すると、第四象限を主にした矢羽根になります。

緊急医療の場合は、効率よく急いで対応しなければなりませんから第一象限です。一方、温泉へ湯治に行って、自然のなかでゆったりすることが大事な医療もあり、これは第三象限です。

医療の基本は第四象限、農業の基本は第二象限なのです。ところが現代社会はすべて第一象限で進め、余暇や息抜きを第三象限に求めることでなんとか生きものであるヒトが暮らせる状況にしているのです。

第二象限と第四象限が存在するのにそれを使っていない社会は、偏っています。**図1**で示した「ライフステージ社会」を具体化するには、第二と第四象限を使う必要があります。日常生活は、地域に根ざした第二と第三象限で進められるものでしょう。「地方創生」と特段声を高めなくても、自然に根をおいた生活を基本にすれば、おのずと地域の特性を生かす社会、一人一人の暮らしを大切にする社会になります。医療費は、第一、第三象限だけの社会では今後さらに増えるほかなく、みなが安心して暮らせる医療制度は続きません。

拡大・成長だけを求め、しかもそれを経済から発想するのは、機械を基本においているからです。工業生産を中心にした人工・機械の世界は、効率よく進める必要があるのは当然ですが、人間は生きものなのですから、その考え方を日常にもちこみ、すべてを忙しくするのは暮らしやすい社会とはいえません。生きものの時間で動く生活が大切です。

「ライフステージ社会」は、赤ちゃんのときは赤ちゃんとしていきいきと生き、お年寄りはお年寄りらしくゆったり生きる。そして、一人の人間を一生を通して診ていける医療制度が存在するという発想から始まりました。しかし、それを可能にするには、社会全体の構造、システム、産業や社会空間の構成も変わらなければなりません。そう考えているうちに、おのずと人間が生きものであるというあたりまえの基本にもどり、生命論的世界観をもつ生き方によって社会を創るという提案になりました。

「ライフステージ」というときの「ライフ」には、「生命」も「生活」も入っています。中学校一年生のときに初めて習った英語の授業で、「life」という言葉の意味を先生が上手に教えてくださいました。まず「生」という文字を書き、その下に「命」、右側に「活」、左側に「一」、上に「人」と書いたのです。読むと〈生命〉、〈生活〉、〈一生〉、〈人生〉となります。〈ライフ〉という言葉にはこれだけの意味がある。「ライフステージ」というときも、この四つを考えています。いのちあるものとして日々の生活を生き生き送り、これぞ人生と思いながら一生をまっとうする。これが生きることであり、暮らすことだろうと思うのです。

ライフステージとバイオヒストリー

「ライフステージ社会」を支えるには多くの新しい知が必要です。図2で新しい視点を入れた重要な産業として農業と医療をあげました。そのような医療を進めるには、人間の身体はもちろん心まで含めての新しい知識が必要です。農業も同じく、植物・動物をもっとよく知らなければなりませんし、生きものに限らず気象や地質など自然の知識が必要です。

その他、図1では「ライフサイエンス技術」という言葉で大量生産を脱してリサイクル型、メンテナンス型の産業を考えました。エネルギーについても自然の活用は不可欠です。自然についての知識の獲得と新しい技術開発とを必要とすることばかりです。それにはまず、生きものについての知のありようをもっと総合的なものにしていく必要があります。技術開発のためだけでなく、機械一辺倒の世界からぬけだし、生命論的世界観へと移るためにも、それは必要です。

学問としての生命科学から「生命誌」への展開についてはすでに述べましたが、もう一つ生活の側から、「ライフステージ」という考えとのつながりも大切なのです。「ライフステージ」と「バイオヒストリー」の基本は同じです。〈ステージ〉は一人の人間の時間、〈ヒストリー〉は生きもの全体を見る長い時間です。具体的には、まず〈ステージ〉について考えているなかで〈ヒストリー〉が生まれてきたのですが、この二つは考えの基本のところで重なっており、どちらが先にあるものでもありません。「科学」から出発するか、「生活」から出発するかということといえましょう。

赤ちゃん、学童、大学生、働く大人などと成長していく流れはそれぞれに大切です。その流れのなかで、一つのステージから次のステージへの移行がスムーズにいくことが大切ですし、お年寄りと子どもというように異なるステージ間に関わりがある社会が好ましいでしょう。このように、時間を入れて考えることで、子どもは大人になるための予備の時間をすごしているのではないし、老人は余生を送っているのではない。どれもみな大切な生きる時間であると位置づけられます。

今もときどき一九七九年に提出したライフステージ（この言葉はこのときに私がつくったものです）の報告書を眺めながら、今こそこの考え方が必要だと思うことしきりです。

このような社会を創りたいと思います。それを広げれば、あらゆる生きものたちがこの世に生まれてからその生を送る時間のすべてが、一つ一つ大切であるということにつながります。「生命誌」を基盤とする総合的な知をつくること、その実践であるライフステージ社会をつくることが今の目的です。

〈幕間〉「質素」好む社会を——ムヒカ前大統領に学ぶ

「質素」という文字を久しぶりに目にし、よい言葉だと思った。ウルグアイの前大統領ホセ・ムヒカ氏の来日講演の紹介記事のなかで見たのである。

決して貧しくない

『世界でいちばん貧しい大統領のスピーチ』（くさばよしみ編、汐文社、二〇一四）という絵本を読み、それが二〇一二年ブラジルのリオデジャネイロで行なわれた「国連持続可能な開発会議」でのムヒカ氏のスピーチであることを知って、その考え方、生き方に共感を抱いていた。すでにご存じの方が多いと思うが、大統領時代も農場で菊を栽培し、資産の八〇％は寄付、個人資産は一九八七年型のフォルクスワーゲン・ビートル（一八万円ほど）だけという暮らしをしたというのだから徹底している。その実践をふまえて、世界のリーダーたちにお金とモノに振り回される高消費社会からの脱皮を呼びかけたのがリオでのスピーチである。

そしてこの四月の来日では、主として若者たちに話しかけた。そこで「私は世間から貧しいと言われているが、決して貧しくない。質素を好むのだ」と語った。そして、貧しいとは、無限にモノを欲しがることであると説明した。そういえば、自由主義経済の祖といわれるアダム・スミスも同じことを言っている。幸せに暮らすには最低水準の収入は必要だが、それを超えてどこまでも収入を求め続けるのは弱い人であり、賢い人は見極めをつけるというのである。

賢く見極めをつけて質素な生活を楽しみ、幸せを手にしているムヒカ氏に対して、世間は貧しいなどとずいぶん失礼なことを言ったものだ。現代は、お金をもつ人をよしとする価値観で動く社会であるために、「質素」というすばらしい言葉を忘れてしまっていることを考え直したい。ちなみに質素を辞書で引くと、「飾らないこと、質朴なこと、おごらずつつましいこと」とある。

近年、金融を基にした自由主義経済がとんでもない貧富の差をもたらし、アダム・スミスのいう最低水準に達しない人を生みだしているので、社会のしくみを「貧困」をなくすように変えることは不可欠である。しかし、それと同時に、質素を好むというムヒカ流生き方をよしとする価値観をもつことで、社会を変えていくことが大事だと思う。地球環境、エネルギー、資源、食料などの問題を考えても、質素を楽しむことがその解決につながるはずである。このような考え方をもつ人がふえることによって経済のしくみを変えるという選択のほうが近道かもしれない。ムヒカ氏ほどの徹底はできないけれど普通の暮らしを好む者として、質素を楽しむ社会になることを望んでいる。

舛添都知事の驕り

ムヒカ前大統領来日の報道の隣に、舛添要一東京都知事が海外出張の際にいわゆる〝大名旅行〟をしているという記事があり、ここにこそ驕らぬつつましさがほしいと思った。もちろん、旅の疲れを癒やすにふさわしい部屋にお泊まりになるのは結構だ。しかし、税金を使っていることを考えたら、ファーストクラス、スイートルームという選択は、貧しい気持ちの表れとしかいえない。アダム・スミスのいう賢い人とは思えない。

話は飛ぶがサッカーのイングランド・プレミアリーグでのレスターの優勝は、質素につながる流れのなかにあってうれしい。いつの頃からかスポーツといえば、若者たちをめぐって法外なお金がとび交う世界となってしまい、あまりよい気持ちではなかった。そこで、低予算のクラブが、まさにシンプルな攻守を続ける組織プレーで勝ちを続けたのは久しぶりの爽やかな話題だ。

質素を生かす爽やかで痛快な社会になるよう努めたい。

（二〇一六年五月二〇日）

マンダラを描く

科学も日常も――「重ね描き」をする

生命誌は生命科学から展開したものであり、生きものについてこれまで科学が明らかにしてきたことを大事にしながらも、生きものについて感じる日常の感覚も生かして、「生きているとはどういうことだろう」、「そのなかでの人間はどんなふうに生きていくのだろう」という問いを考え続ける〝知〟です。現代科学が自然の理解を深めてくれたことは間違いありません。けれども、そこで明らかになった物質や数式だけで自然を語ることはできないのではないでしょうか。科学を否定するのではありませんが、その自然との向き合い方は特殊だということを心にとめておきたいと思っています。

そこで思いだすのが、一七〇四年に出版されたニュートンの『光学』論争に対して、それから一〇〇年以上たった一八一〇年にゲーテが『色彩論』を書いたというエピソードです。ゲーテは、ニュートンのプリズムを用いた分光実験が暗室でなければできないことに批判的だったのだと、ドイツ文学研究者である石原あえかさんが教えてくださいました。自然のなかの光ではないので、光が拷問にかけられているような気がすると言ったのだそうです。

ニュートンの光学は物理学として重要な成果です。プリズムで分けると可視光線として一番波長の長いところに赤、短いところに紫が見えます。虹がまさにそれです。ゲーテもそれをすべて否定していたのではないようですが、やはり屈折率という数量だけに還元されることには不満があったのでしょう。色は光と闇の境界の部分に現れるという従来の色のとらえ方にこだわり、それを色彩環という形で示しました。そこでは赤と青の間に紫があります。

生命誌に関心をもってくださっている染織家の志村ふくみさんが植物から得た染料で染めた糸でおつくりになった「ゲーテの色彩環」はとても美しいものです。興味深いのは、屈折率で直線的に並べれば両端に来る赤と紫が、ゲーテの色彩環では環のなかで隣りあっていることです。私たちの色の感覚でも青と赤の間に紫があるのですから、それは興味深いことです。

ニュートンの「光学」が示すように、太陽から送られてくる白色光はさまざまな色の光線が混じりあったものであることは確かです。しかし、プリズムと自然のなかで生まれる色の秩序としての「色彩環」を並べて、いずれが美しいかと問われれば、どちらも美しいというしかありません。物理学者から哲学者になった大森荘蔵先生が、科学による自然の描き方を「密画」と呼び、私たちの日常感覚での受けとめ方を「略画」と呼んで、これの「重ね描き」をしようと提案されました。まさにそれだと思うのです。

科学者はつい、ゲーテの言う「拷問にかける」作業をしがちです。生命誌でも、ＤＮＡのなかに書きこまれた歴史を読むには解析をしなければなりませんが、そのときにむりやり数値を引きだすのではなく、「ちょっと教えてください」と生きものにお願いする気持ちをもつことにしています。ゲーテが言った「拷問」は、科学研究をする者が心にとめておく必要がある言葉です。

そして、科学によって得られた結果は、自然のもつ一つの側面であると知る謙虚さも、もたなければいけません。ニュートンは正しくゲーテは誤っていた、というとらえ方をするのでなく、科学によって見えてくる世界がゲーテの色彩環とともに私たちをより豊かにしてくれると受けとめたいと思います。科学を絶対とせず、しかしそれがもつ力を評価してこそ、「生命誌」という知が構築できると思っています。

日常とつなぐための美しい表現へ——階層性の重要性

そこで、生命誌研究館での活動は、新しい知を創りあげるための研究をし、考えるという作業と日常とを一体化することに努めています。その一つの方法として『季刊生命誌』ではさまざまな分野の方に対談相手になっていただいています。これまで一〇〇人ほどに参加していただきました。

文学（大岡信、髙村薫、上橋菜穂子の各氏など）、人文学（川田順造、中沢新一の各氏など）、音楽（大友直人、細川周一の各氏など）、芸術（内藤礼、崔在銀、新宮晋の各氏など）……あらゆる分野のさまざまな方の顔を思い浮かべ、なぜかどの方ともつながりを感じ、お相手もそう思ってくださったことを思いだします。

「生きている」ことと無関係の事柄はないということであり、分野に関係なく素直に真剣に考えていらっしゃる方が魅力的なのだと実感します。そしてそのなかでお互いをつなげるものとして不可欠なのが、お互い普通に暮らす人間としての面だと思います。専門と専門がつながるのでなく、お互いの「日常を含む人間の面」が重なるのです。

日常を大切にしながら、新しい知に挑戦し、それを多くの方と共有するには美しい表現が必要です。そこで常に表現について考えており、その活動のいくつかはすでに紹介しました。表現のなかで基本にしてきたのが、生きものの特徴を常に心に止めているために研究館の開館時に描いた「生命誌絵巻」です。そして一〇周年には生きものを地球との関わりのなかで考える「新・生命誌絵巻」をつくりました。これらが表現しているのは生きものの多様性、普遍性、歴史性、関係性ですが、生きものにとってもう一つ大事な性質として「階層性」があります。階層性は、あらゆる学問分野、あらゆる日常社会のなかに存在し、これを理解することは対象の理解を深めるために不可欠です。

社会学の見田宗介氏は、「現代人間の五層構造」という視点を示し、五層の基盤には生命性があり、その上に人間性、文明性、近代性、現代性と重なっていくという見方を出しています。現代人は、現代社会で暮らしてはいるけれど、そこには生きものとしての生命性、人間になってはじめて生まれた人間性、さらに文明性、近代性という過去の歴史が重なって存在しているわけです。現代を生きる私たちのなかにも、生きものとして暮らしていた旧石器時代の狩猟採集生活をしていた人間が存在しているということです。「人間は生きものである」という生命誌の基本はまさに、現代人のなかに生命性があることを示しているのであり、階層構造は大切な視点です。

生きものの階層性をマンダラで

生きものの階層性に特徴的なのは、すべての階層を貫くものとして「ゲノム」が存在していることです（図1）。図に示したように、ゲノムはまずDNAという分子です。生命体の基本単位である細胞にはそれを特徴づける「ゲノム」があります。大腸菌細胞には大腸菌ゲノム、ヒト細胞にはヒトゲノムが入っています。ヒトの場合、受精卵という一個の細胞が分裂をして体中の細胞になり、組織や臓器をつくるので、そこにあるゲノムは受精卵に存在したものと同じです。そうでありながら、それぞれの臓器に特有なはたらき方をするのです。

臓器の集まりである個体にとってもその個体特有のゲノムがあり、それはヒトという種に特有のゲノムでもあります。こうして生態系をゲノムの集合として語ることができます。つまりゲノムはすべての階層を貫く、「お団子の串」のような存在です。階層は、社会はもちろん、物理現象も含めてさまざまな対象のなかに見られます。けれども、このように階層を貫くものが見出されている例は、他にはありません。生きものにはゲノムという串がある、この特徴を活用しない手はありません。

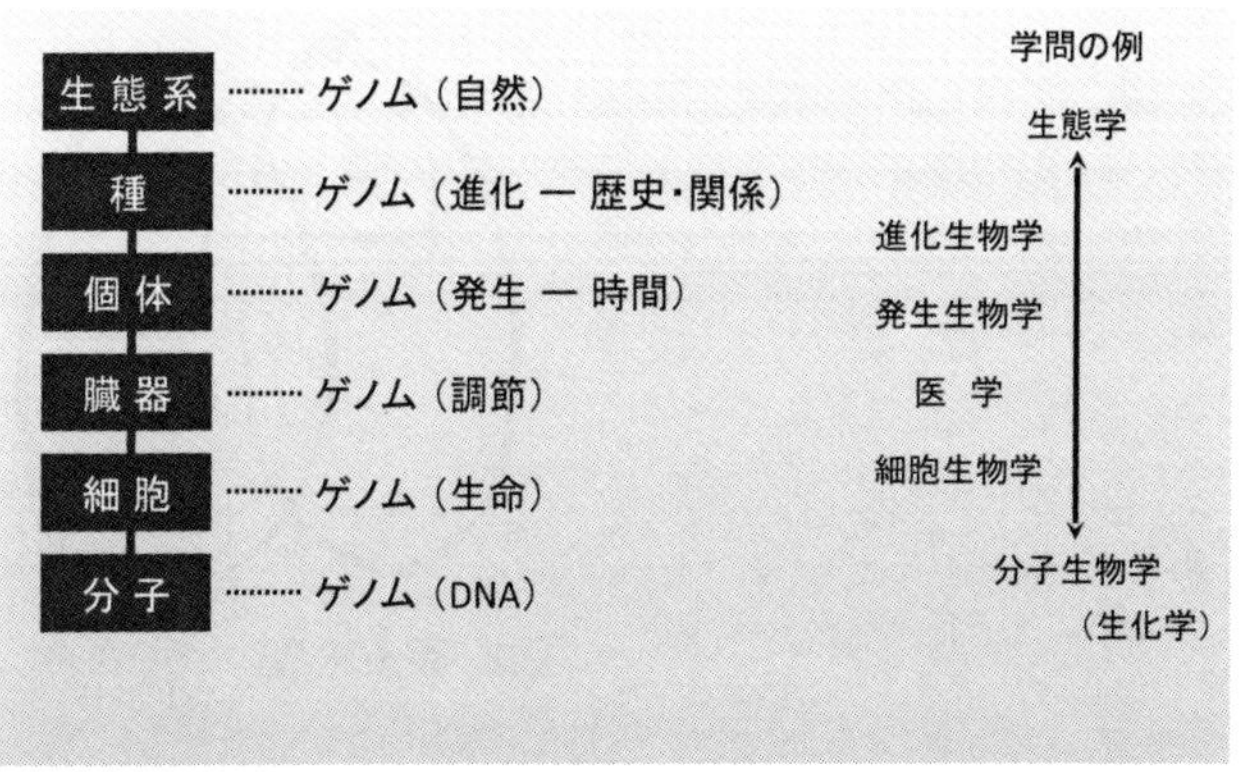

図1　階層性のギャップの解消

そこで、二〇周年を迎えるにあたって、とても大切な性質なのに絵巻では表現できなかった「階層性」を描いてみたいと思いました。そのとき、頭に浮かんだのが「マンダラ」でした。筋道を立てての説明は難しいのですが、さまざまな体験のなかで接したマンダラを思い起こしたのです。本格的に曼荼羅を勉強したことはありませんので、関心のあるところを都合よく取り入れているだけになってしまいますが。

「マンダラ」という言葉を印象的に受けとめたのは、「南方(みなかた)マンダラ」に接したときです。生命科学を始めたころに出会った南方熊楠(みなかたくまぐす)は、狭い学問の目で見たら時代も分野も違う無関係の人なのですが、自然との接し方、知との接し方がどこか気になる人であり、ときどきつまみ喰いをしていました。なかでも粘菌研究とマンダラは気になることで

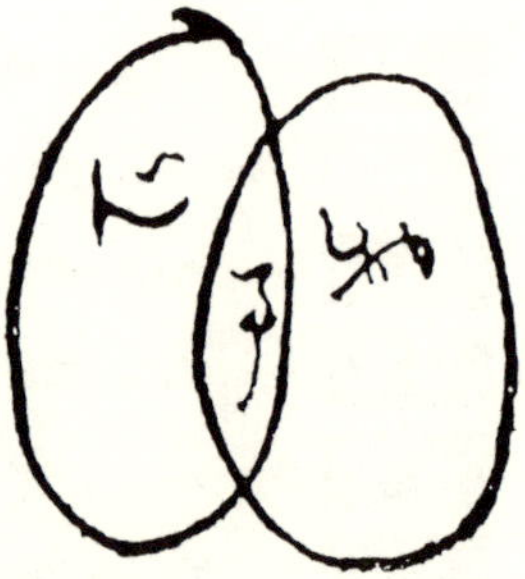

図2「事不思議」(南方熊楠・画)

した。
マンダラと関連して気になったのが図2です。生命科学を始めたころ、大量生産の結果、環境汚染を起こす社会のありように対して、物ではなく心が大事であり、これからは物より心だという考え方が出されていました。物か心かと問う人たちは、心も物と同じようにどこにどのような形で存在するのかという追いかけ方をします。脳のなかにあるだろうと考えて、そこにある物質やその反応を追います。もちろん脳のはたらきを知ることは大事ですが、そこからこれが心ですというものを取り出せるとは思えません。

そんなときに、熊楠が、今の学者は心と物とを個別に研究するだけであり、この二つの交わるところに「事」があることに気づいていないという指摘をして、この図を描いていることを知りました。「物不思議」でも「心不思議」でもない「事不思議」があると書いてあり、この不思議という文字が印象深かったのを覚えています。「不思議」。子どものころ大好きな言葉だったことを思いだします。でもいつのころからか素直に「不思議」と言わなくなったような気がします。熊楠のこの言葉を見て、素直に不思議に向き合おうと思いました。物か心かという問い方ではなく、間に「事」をおく考え方は、生命誌でも大切にしています。

研究館では「動詞で考える」が合言葉になっています。「生命とはなにか」と問うと、どうしても対象を物に分けて理解しようとします。そうではなくて〝生きている〟状態を知りたい、それが生きものの特徴なのだから、動詞で考えるのがよかろうと考えたのです。素直に、細胞が増える、血液がめぐるなど実際に起きている「事」をよく見ていくことが生きものの理解につながると気づいたのです。

日常でも生きものについて考えようとして、「生命」という言葉を口にすると反射的に「尊重」と出てきて、そこで思考が停止してしまうことにも気づきました。赤ちゃんが泣いていれば、お腹がすいているのかしら、眠いのかしらと具体的な問いが生まれ、行動につながります。それがいのちを大切にする、つまり生命尊重なのです。あたりまえのなかに大事な答えがあります。

「心」もそうです。心とはなにかと問うと、なぜか心というモノがどこにあるかを探してしまいます。心は「はたらき」であり、事とのつながりで見ていくと、自分の心は今接している対象との間ではたらいていることが実感できます。きれいに咲いている花を見れば心が動きます。花に心があるだろうかと分析してもしかたがありません。自分と花との間に何かがあるとしか言いようがありません。

物理学者の蔵本由紀（よしき）さんとも、「コト」の大切さを話しあっています。物理学は普遍性を基本におきますが、「モノ」としてそれを追い、要素を記述するだけでは自然は見えてこないと蔵本さんは明言します。一本の樹に集まったホタルがいつのまにか同じ周期で明滅するようになり、心筋細胞は揃って拍動するという周期現象の底に共通性を探ることで新しい世界像を描きたいと話してくださいました。「コト」として現象を横断的に見たうえでの普遍性の探究です。

ここで蔵本さんは「述語的統一」という言葉を用いています。「コト」ですから夕日も炎も赤いという共通性を見出せます。これが述語的統一、私たちの、動詞で考えると同じ見方です（『新しい自然学』ちくま学芸文庫、二〇一六）。このように物理現象を見ていくとやはりここでも重要になってくるのが階層性ですが、物理学には今のところゲノムに相当する階層を貫くものはないと言われ、ゲノムに関心を示されました。「コト」と「階層性」に注目した物理学からは学ぶことがたくさんありそうです。

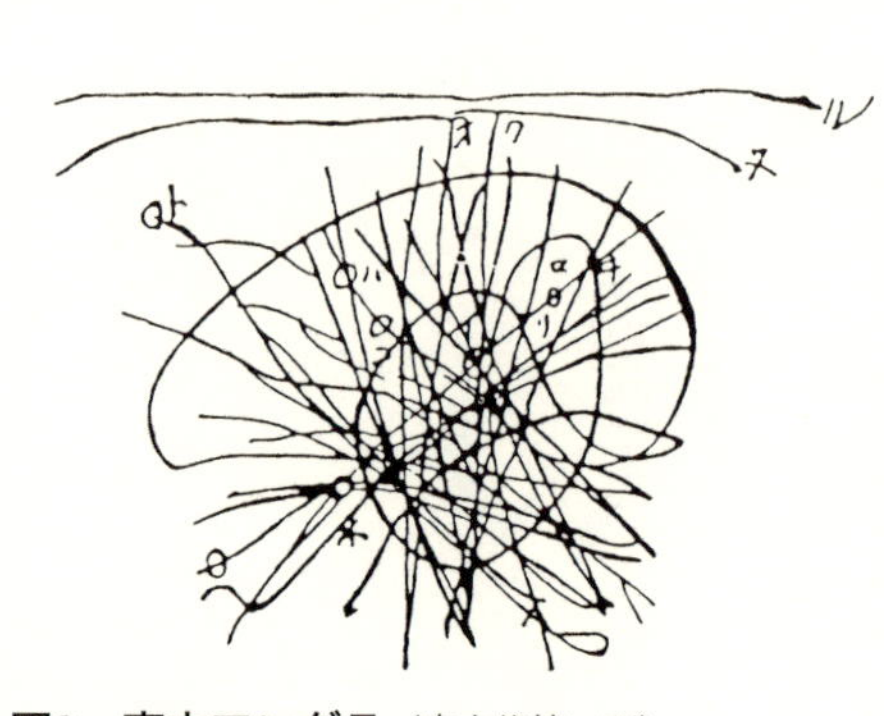

図3　南方マンダラ（南方熊楠・画）

ここで南方熊楠に戻り、マンダラを見ます（**図3**）。熊楠が「事不思議」の大切さを述べてから一〇年ほどたって描かれたものです。もっとも熊楠がこれをマンダラと名づけたのではなく、後にこれを見た仏教学者中村元がそう呼んだのですが、熊楠は当時仏教的生命観・宇宙観について土宜法龍と頻繁に書簡を交わしており、マンダラに近い意識はあったのだろうと思います。世界には、「物不思議」「心不思議」「事不思議」の他に、第六感で知る「理不思議」、人知を越えてすべてを包む「大日如来の大不思議」があると言っています。

熊楠のマンダラについては社会学者の鶴見和子さんと語りあい、生命誌を考えるうえで、熊楠からはまだまだ学ぶことがあることを実感するという体験も加わりました（『四十億年の私の「生命（いのち）」』藤原書店、二〇〇二、新版二〇一三）。

もう一つのマンダラへの道は東寺です。初めて訪れたのがいつだったか記憶が定かではないのですが、東寺の立体曼荼羅に出会ったとき、強く心を揺さぶられました。それを構想した空海に興味がわき、空海・密教・曼荼羅について初歩的勉強をしました。それを読んでいると、生命誌を考えているときの気持ちと重なる……勝手な思いこみかもしれませんが、そんな気持ちになりました。大日如来という中心から外へ向けてのダイナミックな流れが、受精卵からさまざまな細胞ができていく動きと重なってきたのです。

南方熊楠、非線形物理学、空海の立体曼荼羅……あれこれ重なり合って、「生命誌マンダラ」を描こうと決めました。若い仲間と一緒にデータを集め、絵柄を考えていきました。

マンダラでは大日如来が中心ですが「生命誌マンダラ」の中心は受精卵です。大日如来は実在の全体性を象徴する存在であり、その周囲にさまざまなはたらきを分担する仏さまたちが描かれています。受精卵は全能、つまり体のすべてをつくる可能性を秘めており、それが分裂してさまざまな組織、さまざまな臓器になり、それぞれの役割をします。そのいずれもが受精卵からゲノムを受け継いでいるので、全体はつながっており個体としての全体性を保ちながら、それぞれの役割を忠実にはたします。このようにして描いてみると、私たちの体はまさにマンダラだと思えてきました。

明らかになってきたエピゲノム

ここで最近のゲノム研究から明らかになったことを、マンダラのなかの仏さまたちとの関連で取りあげます。受精卵が分裂して体のすべての細胞になるのですから、あらゆる細胞には受精卵に存在したのと同じゲノムが入っているはずです。その証拠に乳腺細胞に入っていたゲノムを受精卵に移すことによってクローン羊が生まれました。iPS細胞も、体中のどの細胞にも体全体をつくれるゲノムが入っていることを示すよい例です。

ところが、心臓の細胞は体のなかで一生心臓の役割をつとめます。腸は腸、肝臓は肝臓と自分の役割をまっとうします。マンダラの周囲に描かれた仏さまのようです。DNAとしては同じゲノムが入っているのに、分化して腸や肝臓の細胞になるとその役割に徹するのはなぜだろう。長い間の疑問でしたが、そのしくみが最近わかってきました。

ヒトのゲノムのなかには、遺伝子としてはたらく部分が二万一〇〇〇個ほどあります。分化したそれぞれの細胞では、そのうちそれぞれの細胞に必要な遺伝子だけがはたらき、他ははたらかないようにDNAを調節しているしくみがあります。DNAのATGCという塩基の大切なはたらきとしてまず明らかにされたのは、その並び方がタンパク質の構造を決めるということでした。ですから、これまでのDNA研究ではほとんどの関心がここに向けられてきました。タンパク質の構造を決める部分を「遺伝子」と呼び、研究はここに集中しました。ところが、ゲノム解析プロジェクトによって、私たちがもっているDNAのすべてを解析してみたら、実際にタンパク質の構造を指令しているのは全体の一・五％にすぎないことがわかったのです。あまりにも小さいこの数字には、だれもが驚きました。

しかも、ヒトの遺伝子の数が二万一〇〇〇なのに、マウスはなぜか二万四〇〇〇、イネは三万七〇〇〇もあります。ショウジョウバエにも一万五〇〇〇です。生命誌では、ショウジョウバエにも、などと言ってはいけないという考え方をとってきたはずですのに、やはりどこかに人間の遺伝子が一番多いだろうと思う気持ちがあったのでしょう。私にとってもこれは意外な数字でした。でも、「なんだこれは」で終わるわけにはいきません。この意味を考えなければ答えが得られるはずはないのですから。実は、当初、タンパク質を決めるのは遺伝子、それ以外はガラクタと呼んでいたのが大間違いでした。残りの九八・五％のDNAのなかに、いつ、どこで、どのようにDNAをはたらかせるかという調節に関わる役目をもつ部分があり、同じ遺伝子でも調節によって複雑にはたらくことがわかってきたのです。

さまざまな臓器の細胞内のDNAの塩基配列は同じであっても、調節の部分が変われば細胞としての性質やはたらきが変わるのです。最近、調節に関わる部分に二種類の変化が見つかり、これがとても重要な意味をもつことが明らかになってきました。一つは調節領域のC（シトシン）がメチル化されると、それが調節している遺伝子がはたらかなくなるという変化です。

もう一つは、DNAを巻きつけている糸巻きのような形のヒストンというタンパク質がアセチル化されると、遺伝子が活発にはたらくようになるという変化です。メチルとかアセチルというのは有機物のなかでは最もかんたんといってもよい構造の小さな分子です。これがついたり、つかなかったりする、それだけの変化でゲノムのなかの遺伝子がはたらくかどうかが決まるのです。このように塩基配列は変わらずにはたらきが変化をした場合、エピゲノムと呼びます。体のなかのさまざまな細胞はゲノムとしては同じものをもちながら、エピゲノムの変化ではたらきを変えているわけです。

DNAのメチル化は、環境の影響を受けることもわかってきました。高カロリーの食事を続けさせて肥満になったマウスを調べると、肥満に関わる遺伝子の調節領域がメチル化されていたという実験結果があります。DNAは親から受け継いだものであり、自分ではどうにもならないという言い訳は成り立たなくなりました。一卵性双生児は親から受け継ぐゲノムはまったく同じですが、決して同じ存在ではない……唯一無二の存在というのは、自分の生き方まで含めてのことなのです。

親から受け継いだゲノムは自分の体をつくるすべての細胞に存在させながら、エピゲノムという形で少しずつ変化させて四〇〇種類ほどの細胞になり、一つの個体をつくりあげていることがわかってきました。少しずつの変化でありながら、腸の細胞は分裂をして新しい細胞になっても腸細胞であり、他の細胞に変わったり、元の受精卵に戻ったりすることはありません。全能性をもつゲノムをもちながら、腸は腸としての役割を続けることで一つの個体としての全体性を保っているのが生きものであり、「生きている」という状態であるわけです。ときどき反乱を起こして秩序を保てなくなる細胞であるがん細胞などが出てきて、全体の調和を壊すこともあります。

エピゲノムという状態は決して絶対的ではありません。けれども、それをはずれて増殖する能力をもちながら全体のなかに自分として存在する……分をわきまえているのが私たちの体をつくる細胞なのです。そのような状態を具体的に示す研究成果を見ていると、受精卵と全能の大日如来、そこから分身として分かれながらそれぞれの分をわきまえて役目をはたす各臓器の細胞とさまざまな仏さまたちが重なります。

そこで受精卵、さまざまな組織、さまざまな臓器、個体という順に内側から並べたマンダラを描きました。受精卵のすぐ外には細胞のなかにある小器官と呼ばれるものを描いてあります。小器官のなかで、エネルギー生産を担うミトコンドリアと光合成を行なう葉緑体には独自のDNA（ゲノム）が入っています。両方とも、独立して生きていたバクテリアが大きな細胞のなかに入りこんで共生をしたものですが、今や細胞の一員として細胞の核のなかにあるDNAと協同ではたらいているのです。

このように身体というミクロコスモスのなかにある階層性を表現したいと考えて描いたマンダラですが、これは、受精卵に始まって、個体ができあがっていく発生の時間をも表していることに気づきました。さらに、真ん中にある細胞が奥のほうに入って原始細胞となり、そこから三八億年の歴史のなかでさまざまな細胞が生まれ、個体が生まれてきた時間も見えてきました。そこで一番外側にすでに絶滅した化石として残っている生きものを描き歴史性も入れました。生きものはどのように描いても時間を感じさせるものであることを実感しました。時間ぬきで生きものは考えられないのです。

せっかくのマンダラなのですから、織物にしたいという願いが叶えられ、さまざまな色の横糸が一万八〇〇〇本、縦糸が七二〇〇本、それが交わってできる点は一億三〇〇〇万という姿で「生命誌マンダラ」ができあがりました。とても美しく、眺めていると、小さな生きものたちが語りかけてきて、「生きている」ということを考える気持ちを刺激してくれます。

生命誌と重なるマンダラの特徴

曼荼羅は空間性、複数性、中心をもつ、調和、動的流れ、交替性、全体性を表現しているとされています。これは「生命誌マンダラ」にも通じます。

中心にある大日如来がさまざまな姿の仏たちとして現れ、そこには動的な流れがありながら全体として調和している世界はまさに生きものそのものです。お釈迦さまも空海も南方熊楠もゲノムなど知りません。でもそこに表れる世界観、生命観は、私がゲノムをいっしょうけんめい勉強して手にしたものとみごとに重なるのです。

ゲノムを解析することで見えてくるものは多いのですが、実は新しいことを発見するというより、本質が見えてくるということなのだろうと思います。空海が自然のなかを歩き思索することで見た本質と同じものを見ることができる。それが生命誌研究なのだとわかってきたところです。

進歩という言葉が現代社会を動かしています。ジャレド・ダイアモンドが『銃・病原菌・鉄』(上下巻、倉骨彰訳、草思社文庫、二〇一二)を著した動機を、オーストラリアの賢い原住民に〝あなたたちのところで現代の文明が生まれて私たちのところにまで影響を及ぼしており、その逆が起きなかったのはなぜか〟と問われたことがきっかけだと書いています。その影響とはまさに進歩という考え方であり、今やだれもその意味を問わずにいるように思います。けれどもこれこそ、今真剣に問うべきことだと思うのです。マンダラを眺めていると、ここにあるのは効率を求め物質的豊かさを求める進歩とは別の価値観であると感じます。

ホモ族の誕生以来二五〇万年もの間狩猟採集生活を送ってきた人類が、一万年ほど前に農耕を始めたところから、今の歴史が始まります。農耕への移行は、以前は中東でまず始まりそれが世界中へ広がったとされてきましたが、近年農耕は、アジア、南北アメリカ、アフリカなどさまざまなところで独立に始まったことがわかってきました。自然の操作を含む農業革命が人類の歴史を大きく変えたことは事実ですが、これは自然の一部として暮らす生きものとしての生き方の延長上にあったということでしょう。とくに長江で始まった稲作文明は、現在の日本につながることがわかり始めており、これから考えていきたいテーマです。長く続いた農業社会から変革して、現代社会を生みだす原点となる科学革命とそれに続く産業革命は、一七世紀のヨーロッパで始まったものであり、これと同じことは他の地域では起きませんでした。しかもそれはヨーロッパにとどまらず、そこで生まれた帝国主義や貨幣経済とともに急速に世界へと広まっていきました。なかでも日本は現代文明社会形成の優等生として活動してきました。けれども今、優等生は自分で考え、歴史に学び、進歩とは別の価値軸を提案するだけの気概をもたなければならないところにいるのではないだろうか。マンダラに学びながら考えたことです。

マンダラにつながる考え方は、ヨーロッパにまったくなかったわけではありません。すべての地域に存在した神話や民話のなかには、自然のなかの多様な生きものの一つとしての人間がさまざまな関わりあいのなかで時を紡いで生きる姿が描かれています。科学革命、産業革命以後の進歩という一つの価値から生まれた科学技術と金融資本主義経済が一人一人の人間の幸せにつながったかといえば、否と言わざるを得ない今、地球の上での生き方を考える必要があります。

多様性を認め、全体としての調和を求め、矛盾を抱えながらも柔軟でダイナミックな流れをつくっていく生きものたちが生き生き暮らす様子を絵巻やマンダラに描き、そこから学んできた生命誌の立場から、今後を考えたいと思います。歴史に学び、進歩とは別の価値観をもつ社会をつくりたいのです。そこで大事なのは、マンダラに描かれた、全体がつながりをもちながら、さまざまな存在それぞれが思いきり生きる世界でしょう。その世界へ向けての具体的方策を考えるのが、生命誌の役割です。

あとがき

「生命誌研究館」という言葉を思いついたのが一九八〇年代の半ば、ちょうど五〇歳になる頃でした。本当に運のよいことに子どもの頃からよい先生に恵まれ、教えられたことをいっしょうけんめいやることが幸せでしたし、それでせいいっぱいで過ごしていました。三〇代以降は生命科学という新しい分野を考えましたので、まさにせいいっぱい以上でした。

ところが、生命科学を始めて一〇年ほどたった頃、大事な仕事をしているという気持ちの中に、これって本当に生きもののことを考えているのだろうか、という疑問がわき始めたのです。四〇代です。誰に教えられたのでもなく、自分の中から生まれてきた疑問を真剣に考えた初めての体験と言えます。それから一〇年ほどかけ、まさに生まれて初めて自分の中から湧き出してきた言葉で自分のやるべきことを表現できた時は、それまでにない充実感を感じたことを、今も覚えています。

なんとも奥手です。そもそもすべてに奥手なのですが。実際に生命誌研究館を創ることができたのは五七歳の時ですから、社会の常識で言えば、そろそろ停年という頃にまったく新しいことを始めたわけです。このように数字を書いてみると、なんと無謀なと思いますが、実際に活動していた時はそんなことはまったく考えず、ただただ前を向いていました。

以来三〇年近く、考えてきたこと、行なってきたことをまとめて下さるという提案を藤原書店からいただいた時は驚きました。そんな大それたことをという感じです。けれども、とにかくこれまでの成果をすべてダンボールに入れて送り、それを見ていただきました。そして、何度も話し合いを重ねているうちに厚意を生かしたいという気持ちが強くなってきました。

本にまとめるにあたって読み直してみると、なんとも物足りないとか、もう少し深く考えなければいけなかったなどと思うところがたくさんありますが、一つの過程として見ていただきたいと思います。実は、第四部の「ライフステージ社会」は、生命誌より前に考えていたことで、「時間」を考えるという点では、私の原点と言えます。これまで本の形で出したことがありませんので、ぜひ読んでいただきたく思います。

渡辺格先生の分子生物学との出会いから六〇年、江上不二夫先生に生命科学を教えられてから五〇年近く、生命誌を考えてから三〇年以上という歴史の中で、今を考えるというありがたい機会を持てたことは幸せです。さまざまなところに書いたものを読み、整理し、そこから現在に続く具体を語る文を選んで編集して下さった藤原書店の山﨑優子さん、フリー編集者の柏原怜子さん、話し合いにも参加してアドバイスを下さった藤原良雄社長に心から御礼を申し上げます。

二〇一七年八月　日本は熱帯になったのかと思わせる猛暑の中で

中村桂子

初出一覧

はじめに――生命誌への思い　書き下ろし

第1部　暮らしのなかから科学する

科学がつむぐ風景　『朝日新聞』連載、一九九七年十二月四日～二〇〇〇年三月（加筆修正）

日常のなかの科学　『科学技術ジャーナル』連載「日常の中で」一九九八年十月～二〇〇〇年十二月（抜粋、加筆修正）

〈幕間〉人を豊かにする文化――現在の科学研究　『東京新聞』二〇一六年一〇月二一日夕刊

第2部　いのち愛づる科学

細胞から見えてくる「生」と「性」――生命誌からのメッセージ　『おもしろ健康教材』10、二〇〇四年（加筆修正）

「虫愛づる姫君」は日本の女性科学者――絵本『いのち愛づる姫』　『いのち愛づる姫』解説、藤原書店、二〇〇七年（加筆修正）

今、科学は変わりつつある――高校生への語りかけ　『encollege』ベネッセコーポレーション（加筆修正）

いのちをつなぐ――子どもたちへの思い　書き下ろし
〈幕間〉「永遠平和」を考える――猛暑の夏休みに読書を　『東京新聞』二〇一六年八月一二日夕刊

第3部　生命科学から生命誌へ

生命科学から生命誌の誕生へ――遺伝子からゲノムへの移行で見えてくるもの　書き下ろし
ゲノムが語る歴史――生命誌が語ること　『三洋化成ニュース』連載、一九九八年初夏～二〇〇一年春（加筆修正）
〈幕間〉巨大防潮堤に疑問――自然を離れた進歩なし　『東京新聞』二〇一六年三月一一日夕刊

第4部　「ライフステージ社会」の提唱

「ライフステージ社会」の提唱　書き下ろし
〈幕間〉「質素」好む社会を――ムヒカ前大統領に学ぶ　『東京新聞』二〇一六年五月二〇日
マンダラを描く　書き下ろし

著者紹介

中村桂子（なかむら・けいこ）

1936年東京生まれ。JT生命誌研究館館長。理学博士。東京大学大学院生物化学科修了、江上不二夫（生化学）、渡辺格（分子生物学）らに学ぶ。国立予防衛生研究所をへて、1971年三菱化成生命科学研究所に入り（のち人間・自然研究部長）、日本における「生命科学」創出に関わる。しだいに、生物を分子の機械と捉え、その構造と機能の解明に終始することになった生命科学に疑問を持ち、ゲノムを基本に生きものの歴史と関係を読み解く新しい知「生命誌」を創出。その構想を1993年、JT生命誌研究館として実現、副館長に就任（～2002年3月）。早稲田大学人間科学部教授、大阪大学連携大学院教授などを歴任。
著書に『生命誌の扉をひらく』（哲学書房）『「生きている」を考える』（NTT出版）『ゲノムが語る生命』（集英社）『「生きもの」感覚で生きる』『生命誌とは何か』（講談社）『生命科学者ノート』『科学技術時代の子どもたち』（岩波書店）『自己創出する生命』（ちくま学芸文庫）『絵巻とマンダラで解く生命誌』『小さき生きものたちの国で』（青土社）他多数。

いのち愛づる生命誌——38億年から学ぶ新しい知の探究

2017年10月10日　初版第1刷発行©

著　者　中村桂子
発行者　藤原良雄
発行所　株式会社　藤原書店

〒162-0041　東京都新宿区早稲田鶴巻町523
電　話　03（5272）0301
FAX　03（5272）0450
振　替　00160-4-17013
info@fujiwara-shoten.co.jp

印刷・製本　中央精版印刷

落丁本・乱丁本はお取替えいたします
定価はカバーに表示してあります

Printed in Japan
ISBN978-4-86578-141-0

出会いの奇跡がもたらす思想の"誕生"の現場へ

鶴見和子・対話まんだら

自らの存在の根源を見据えることから、社会を、人間を、知を、自然を生涯をかけて問い続けてきた鶴見和子が、自らの生の終着点を目前に、来るべき思想への渾身の一歩を踏み出すために本当に語るべきことを存分に語り合った、珠玉の対話集。

魂 言葉果つるところ　　対談者・石牟礼道子

両者ともに近代化論に疑問を抱いてゆく過程から、アニミズム、魂、言葉と歌、そして「言葉なき世界」まで、対話は果てしなく拡がり、二人の小宇宙がからみあいながらとどまるところなく続く。

Ａ５変並製　320 頁　**2200 円**（2002 年 4 月刊）◇ 978-4-89434-276-7

歌 「われ」の発見　　対談者・佐佐木幸綱

どうしたら日常のわれをのり超えて、自分の根っこの「われ」に迫れるか？　短歌定型に挑む歌人・佐佐木幸綱と、画一的な近代化論を否定し、地域固有の発展のあり方の追求という視点から内発的発展論を打ち出してきた鶴見和子が、作歌の現場で語り合う。　Ａ５変並製　224 頁　**2200 円**（2002 年 12 月刊）◇ 978-4-89434-316-0

知 複数の東洋／複数の西洋〔世界の知を結ぶ〕　対談者・武者小路公秀

世界を舞台に知的対話を実践してきた国際政治学者と国際社会学者が、「東洋 vs 西洋」という単純な二元論に基づく暴力の蔓延を批判し、多様性を尊重する世界のあり方と日本の役割について徹底討論。

Ａ５変並製　224 頁　**2800 円**（2004 年 3 月刊）◇ 978-4-89434-381-8

生命から始まる新しい思想

新版 四十億年の私の「生命(いのち)」〔生命誌と内発的発展論〕

鶴見和子＋中村桂子

地域に根ざした発展を提唱する鶴見「内発的発展論」、生物学の枠を超え生命の全体を捉える中村「生命誌」。従来の近代西欧知を批判し、独自の概念を作りだした二人の徹底討論。

四六上製　二四八頁　**二二〇〇円**
（二〇〇二年七月／二〇一三年三月刊）
◇ 978-4-89434-895-0

患者が中心プレイヤー。医療者は支援者

新版 患者学のすすめ〔"人間らしく生きる権利"を回復する新しいリハビリテーション〕

上田敏＋鶴見和子

リハビリテーションの原点は、「人間らしく生きる権利」の回復である。"自己決定権"を中心に据えた上田敏の「目標指向的リハビリテーション」と、鶴見の内発的発展論が火花を散らし、自らが自らを切り開く新しい思想を創出する！

Ａ５変並製　二四八頁　**二四〇〇円**
（二〇〇三年七月／二〇一六年一月刊）
◇ 978-4-86578-058-1

最新かつ最高の南方熊楠論

南方熊楠・萃点の思想

〈未来のパラダイム転換に向けて〉

鶴見和子
編集協力＝松居竜五

「内発性」と「脱中心性」との両立を追究する著者が、「南方曼陀羅」と自らの「内発的発展論」とを格闘させるために、熊楠思想の深奥から汲み出したエッセンスを凝縮。気鋭の研究者・松居竜五との対談を収録。

A5上製　一九二頁　二八〇〇円
（二〇〇一年五月刊）
◇978-4-89434-231-6

新発見の最重要書翰群、ついに公刊

高山寺蔵　南方熊楠書翰

〈土宜法龍宛　1893-1922〉

奥山直司・雲藤等・神田英昭編

二〇〇四年栂尾山高山寺で新発見され、大きな話題を呼んだ書翰全四三通を完全に翻刻。熊楠が最も信頼していた高僧・土宜法龍に宛てられ、「南方曼陀羅」を始めとするその思想の核心に関わる新情報を、劇的に増大させた最重要書翰群の全体像。

A5上製　三七六頁　八八〇〇円　口絵四頁
（二〇一〇年三月刊）
◇978-4-89434-735-9

鶴見和子が切り拓いた熊楠研究の到達点

南方熊楠の謎

〈鶴見和子との対話〉

松居竜五編
鶴見和子・雲藤等・千田智子・田村義也・松居竜五

熊楠研究の先駆者・鶴見和子と、最新資料を踏まえた研究者たちががっぷり四つに組み、多くの謎を残す熊楠の全体像とその思想の射程を徹底討論、熊楠から鶴見へ、そしてその後の世代へと、幸福な知的継承の現場が活き活きと記録された鶴見最晩年の座談会を初公刊。

四六上製　二八八頁　二八〇〇円
（二〇一五年六月刊）
◇978-4-86578-031-4

「祈り」「許し」「貧しさ」

聖地アッシジの対話

〈聖フランチェスコと明恵上人〉

J・ピタウ＋河合隼雄

宗教の壁を超えた聖地アッシジで、カトリック大司教と日本の文化庁長官が、中世の同時代に生きた二人の宗教者に学びつつ、今、人類にとって最も大切な「平和」について徹底的に語り合った、歴史的対話の全記録。

B6変上製　二三二頁　二二〇〇円
（二〇〇五年二月刊）
◇978-4-89434-434-1

「東北」から世界を変える

「東北」共同体からの再生
（東日本大震災と日本の未来）

川勝平太＋東郷和彦＋増田寛也

「地方分権」を軸に政治の刷新を唱える静岡県知事、「自治」に根ざした東北独自の復興を訴える前岩手県知事、国際的視野からあるべき日本を問うてきた元外交官。東日本大震災を機に、これからの日本の方向を徹底討論。

四六上製　一九二頁　一八〇〇円
（二〇一一年七月刊）◇978-4-89434-814-1

東北人自身による、東北の声

鎮魂と再生
（東日本大震災・東北からの声100）

赤坂憲雄編
荒蝦夷＝編集協力

「東日本大震災のすべての犠牲者たちを鎮魂するために、そして、生き延びた方たちへの支援と連帯をあらわすために、この書を捧げたい」（赤坂憲雄）――それぞれに「東北」とゆかりの深い聞き手たちが、自らの知る被災者の言葉を書き留めた聞き書き集。東日本大震災をめぐる記憶／記録の広場へのささやかな一歩。

A５並製　四八八頁　三二〇〇円
（二〇一二年三月刊）◇978-4-89434-849-3

草の根の力で未来を創造する

震災考 2011.3-2014.2

赤坂憲雄

「方位は定まった。将来に向けて、広範な記憶の場を組織することにしよう。途方に暮れているわけにはいかない。見届けること。記憶すること。記録に留めること。すべてを次代へと語り継ぐために、希望を紡ぐために。」

復興構想会議委員、「ふくしま会議」代表理事、福島県立博物館館長、遠野文化研究センター所長等を担いつつ、変転する状況の中で「自治と自立」の道を模索してきた三年間の足跡。

四六上製　三八四頁　二八〇〇円
（二〇一四年二月刊）◇978-4-89434-955-1

復興は、人。絆と希望をつなぐ！

福島は、あきらめない
（復興現場からの声）

冠木雅夫（毎日新聞編集委員）編

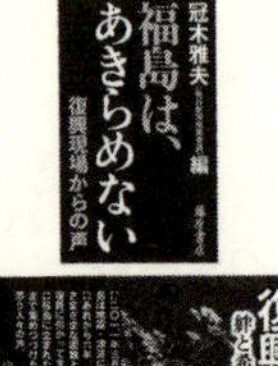

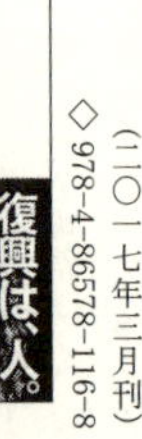

二〇一一年三月一一日、東日本大震災。福島は地震・津波に加え、原発事故に襲われた。あれから六年。風評被害、避難、帰還……さまざまな困難と向き合い、それでも地元の復興に向け生き生きと語る人びと。福島生まれの記者が、事故直後から集めつづけた、現地で闘い、現地に寄り添う人々の声。

四六判　三七六頁　二八〇〇円
（二〇一七年三月刊）◇978-4-86578-116-8

今、現場で何が起きているか

徹底検証 21世紀の全技術

現代技術史研究会編
責任編集＝井野博満・佐伯康治

住居・食・水・家電・クルマ・医療など〝生活圏の技術〟、材料・エネルギー・輸送・コンピュータ・大量生産システム・軍事など〝産業社会の技術〟といった〝全技術〟をトータルに展開。

第9回パピルス賞受賞

A5並製　四四八頁　**三八〇〇円**
（二〇一〇年一〇月刊）
◇978-4-89434-763-2

ＩＴ革命の全貌を見直す

別冊『環』❶
ＩＴ革命──光か闇か

〈対談〉**「ＩＴ革命は、日本経済／世界経済を活性化するか？」**
R・ボワイエ＋榊原英資

〈座談会〉**「ＩＴ革命──光か闇か」**
市川定夫＋黒崎政男＋相良邦夫＋桜井直文＋松原隆一郎

〈特別寄稿〉
「まなざしの倫理──像の時代から「ショーの時代」へ」
Ｉ・イリイチ

菊大並製　一九二頁　**一五〇〇円**
（二〇〇〇年一一月刊）
◇978-4-89434-203-3

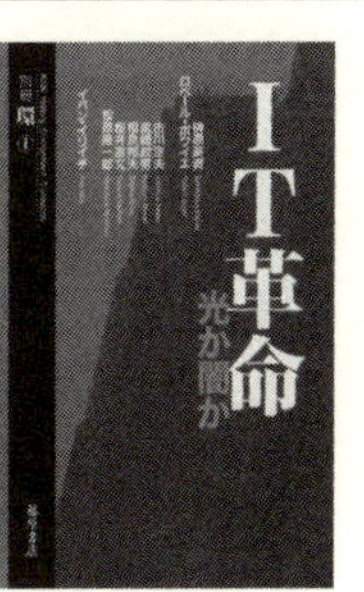

名著『環境学』の入門篇

環境学のすすめ
〈21世紀を生きぬくために〉㊤㊦

市川定夫

遺伝学の権威が、われわれをとりまく生命環境の総合的把握を通して、快適な生活を追求する現代人（被害者にして加害者）に警鐘を鳴らし、価値転換を迫る座右の書。図版・表・脚注を多数使用し、ビジュアルに構成。

A5並製　各二〇〇頁平均　**各一八〇〇円**
（一九九四年一二月刊）
㊤◇978-4-89434-004-6
㊦◇978-4-89434-005-3

「環境学」提唱者による21世紀の「環境学」

新・環境学（全三巻）
〈現代の科学技術批判〉

市川定夫

Ⅰ 生物の進化と適応の過程を忘れた科学技術
Ⅱ 地球環境／第一次産業／バイオテクノロジー
Ⅲ 有害人工化合物・原子力

環境問題を初めて総合的に捉えた名著『環境学』の著者が、初版から一五年の成果を盛り込み、二一世紀の環境問題を考えるために世に問う最新シリーズ！

四六並製
Ⅰ　二〇〇頁　**一八〇〇円**（二〇〇八年三月刊）
Ⅱ　三〇四頁　**二六〇〇円**（二〇〇八年五月刊）
Ⅲ　二八八頁　**二六〇〇円**（二〇〇八年七月刊）
◇978-4-89434-615-4／627-7／640-6

未発表処女作を含む初期作品集！

不知火おとめ

（若き日の作品集1945–1947）

石牟礼道子

戦中戦後の時代に翻弄された石牟礼道子の青春。その若き日の未発表の作品がここに初めて公開される。十六歳から二十歳の期間に書かれた未完歌集『虹のくに』、代用教員だった敗戦前後の日々を綴る「錬成所日記」、尊敬する師宛ての手紙、短篇小説・エッセイほかを収録。

口絵四頁

A5上製　二一六頁　**二四〇〇円**

（二〇一四年一一月刊）◇978-4-89434-996-4

半世紀にわたる全句を収録！

石牟礼道子全句集　泣きなが原

石牟礼道子

詩人であり、作家である石牟礼道子の才能は、短詩型の短歌や俳句の創作にも発揮される。この半世紀に石牟礼道子が創作した全俳句を一挙収録。幻の句集『天』収録！

祈るべき天とおもえど天の病む
さくらさくらわが不知火はひかり凪
毒死列島身悶えしつつ野辺の花

［解説］「一行の力」黒田杏子

第15回俳句四季大賞受賞

B6変上製　二五六頁　**二五〇〇円**

（二〇一五年五月刊）◇978-4-86578-026-0

全三部作がこの一巻に

苦海浄土　全三部

石牟礼道子

『苦海浄土』は、「水俣病」患者への聞き書きでも、ルポルタージュでもない。患者とその家族の、そして海と土とともに生きてきた民衆の、魂の言葉を描ききった文学として、〝近代〟に突きつけられた言葉の刃である。半世紀をかけて『全集』発刊時に完結した三部作（苦海浄土／神々の村／天の魚）を全一巻で読み通せる完全版。

解説＝赤坂真理／池澤夏樹／加藤登紀子／鎌田慧／中村桂子／原田正純／渡辺京二

四六上製　一一四四頁　**四二〇〇円**

（二〇一六年八月刊）◇978-4-86578-083-3

生前交流のあった方々の御霊に捧げる悼詞

無常の使い

石牟礼道子

荒畑寒村、細川一、仲宗根政善、白川静、鶴見和子、橋川文三、上野英信、谷川雁、本田啓吉、井上光晴、砂田明、土本典昭、石田晃三、田上義春、川本輝夫、宇井純、多田富雄、八田昭男、原田正純、木村栄文、野呂邦暢、杉本栄子、久本三多ら、生前交流のあった二三人の御霊に捧げる珠玉の言霊。

B6変上製　二五六頁　**一八〇〇円**

（二〇一七年二月刊）◇978-4-86578-115-1

渾身の往復書簡

言魂（ことだま）

石牟礼道子＋多田富雄

免疫学の世界的権威として、生命の本質に迫る仕事の最前線にいた最中、脳梗塞に倒れ、右半身麻痺と構音障害・嚥下障害を背負った多田富雄。水俣の地に踏みとどまりつつ執筆を続け、この世の根源にある苦しみの彼方にほのかな明かりを見つめる石牟礼道子。生命、魂、芸術をめぐって、二人が初めて交わした往復書簡。『環』誌大好評連載。

B6変上製　二一六頁　**二二〇〇円**（二〇〇八年六月刊）
◇978-4-89434-632-1

韓国と日本を代表する知の両巨人

詩魂

高銀（コウン）＋石牟礼道子

石牟礼「人と人の間だけでなく、草木とも風とも一体感を感じる時があって、そういう時に詩が生まれます」。

高銀「亡くなった漁師たちの魂に、もっと海の神様たちの歌を歌ってくれと言われて、詩人になったような気がします」。

韓国を代表する詩人・高銀と、日本を代表する作家・詩人の石牟礼道子が、魂を交歓させ語り尽くした三日間。

四六変上製　一六〇頁　**一六〇〇円**（二〇一五年一月刊）
◇978-4-86578-011-6

作家・詩人と植物生態学者の夢の対談

水俣の海辺に「いのちの森」を

宮脇昭＋石牟礼道子

「私の夢は、『大廻り（うまわ）の塘（とも）』の再生です」——石牟礼道子の最後の夢、子ども時代に遊んだ、水俣の海岸の再生。そこは有機水銀などの毒に冒され、埋め立てられている。アコウや椿の木、魚たち……かつて美しい自然にあふれていたふるさとの再生はできるのか？　水俣は生まれ変われるか？　「森の匠」宮脇昭の提言とは？

B6変上製　二一六頁　**二〇〇〇円**（二〇一六年一〇月刊）
◇978-4-86578-092-5

水俣の再生と希望を描く詩集

坂本直充詩集

光り海

坂本直充

推薦＝石牟礼道子
特別寄稿＝柳田邦男　解説＝細谷孝

「水俣病資料館館長坂本直充さんが詩集を出された。胸が痛くなるくらい、穏和なお人柄である。『毒死列島身悶えしつつ野辺の花』という句をお贈りしたい。」（石牟礼道子）

A5上製　一七六頁　**二八〇〇円**（二〇一三年四月刊）
◇978-4-89434-911-7
第35回熊日出版文化賞受賞

38億年の生命の歴史がミュージカルに

いのち愛づる姫
〈ものみな一つの細胞から〉

中村桂子・山崎陽子作
堀文子画

全ての生き物をゲノムから読み解く「生命誌」を提唱した生物学者、中村桂子。ピアノ一台で夢の舞台を演出する"朗読ミュージカル"を創りあげた童話作家、山崎陽子。いのちの気配を写し続けてきた画家、堀文子。各分野で第一線の三人が描きだす、いのちのハーモニー。

カラー六四頁
B５変上製　八〇頁　一八〇〇円
（二〇〇七年四月刊）◇978-4-89434-565-2

『機』誌の大人気連載、遂に単行本化

いのちの叫び

藤原書店編集部編

生きている我われ、殺された人たち、老いゆく者、そして子どもたちの内部に蠢く……生命への叫び。

日野原重明／森繁久彌／金子兜太／志村ふくみ／堀文子／石牟礼道子／高野悦子／金時鐘／小沢昭一／永六輔／多田富雄／中村桂子／柳田邦男／加藤登紀子／大石芳野／吉永小百合／櫻間金記／鎌田實／町田康／松永伍一ほか

［カバー画］堀文子

四六上製　二二四頁　二〇〇〇円
（二〇〇六年一二月刊）◇978-4-89434-551-5

子守唄は「いのちの讃歌」

別冊『環』⑩
子守唄よ、甦れ

〈巻頭詩〉子もりうた　松永伍一
〈鼎談〉子守唄は「いのちの讃歌」　松永伍一＋市川森一＋西舘好子
［子守唄とは何か］尾原昭夫／真鍋昌弘／鵜野祐介／北村薫／原荘介／林友男／佐藤四郎／宮崎和子／吹浦忠正
［子守唄はいのちの讃歌］松永伍一／加茂行昭／三好京三／上笙一郎／小林輝冶／もず唱平／藤田正／村上雅通／もり・けん
［子守唄の現在と未来］小林登／羽仁協子＋長谷川勝子／小林美智子／赤枝恒雄／高橋世織／中川志郎／西舘好子／ペマ・ギャルポ／春山ゆふ／ミネハハ＋新井信介／菅原三記／斎藤寿孝
［附］全国子守唄分布表（県別）

菊大並製　二五六頁　二二〇〇円
（二〇〇五年五月刊）◇978-4-89434-451-8

〈在庫僅少〉

敗戦直後の祝祭日——回想の松尾隆（蜷川譲）
四六上製　280頁　**2800円**（1998年5月刊）◇978-4-89434-103-6

戦後文壇畸人列伝（石田健夫）
Ａ５変並製　248頁　**2400円**（2002年1月刊）◇978-4-89434-269-9